职业教育工业机器人技术应用专业系列教材

工业机器人应用基础

主　编　伊洪良

副主编　牛保琴　黄翠柏

参　编　刘学忠　田振烈　甘　路
　　　　黄金龙　尚中仁　植炯辉

机械工业出版社
CHINA MACHINE PRESS

本书是根据国家产业结构转型升级的要求和职业（技工）院校工业机器人应用专业建设的需要，组织职业（技工）院校骨干教师和企业技术人员共同编写的。本书采用项目任务的框架结构，以任务导向的教学方法，介绍工业机器人操作基础和基本应用等内容。学生通过工业机器人示教器的简单使用、工业机器人基本操作、机器人程序数据设定等基础知识和基本技能，以及轨迹描绘任务编程与操作、图块搬运任务编程与操作、工件装配任务编程与操作等6个工业机器人基本应用的典型案例学习与训练，初步掌握工业机器人基本应用的方法和技巧，体验工业机器人基本工作站的安装、编程、调试与运行维护操作。本书内容新颖、选材典型、易教易学，注重实际操作训练与基本应用体验。

本书可作为职业（技工）院校工业机器人技术专业、机电一体化技术专业等相应课程的配套教材，也可作为工业机器人应用与维护岗位培训教材，以及企业工程技术人员、机器人爱好者的参考书。

为方便教学，本书配套有教学视频，并以二维码的形式穿插在各任务之中，另外，还配套有电子课件，凡使用本书作为教材的教师可登录www.cmpedu.com网站，注册后免费下载或拨打电话010-88379195索取。

图书在版编目（CIP）数据

工业机器人应用基础/伊洪良主编. —北京：机械工业出版社，2017.12
（2024.8重印）
职业教育工业机器人技术应用专业系列教材
ISBN 978-7-111-59078-1

Ⅰ.①工… Ⅱ.①伊… Ⅲ.①工业机器人-高等职业教育-教材
Ⅳ.①TP242.2

中国版本图书馆 CIP 数据核字（2018）第 021120 号

机械工业出版社（北京市百万庄大街22号 邮政编码100037）
策划编辑：柳 瑛 责任编辑：柳 瑛 责任校对：张 力
封面设计：马精明 责任印制：单爱军
北京虎彩文化传播有限公司印刷
2024 年 8 月第 1 版第 13 次印刷
184mm×260mm·10.75 印张·236 千字
标准书号：ISBN 978-7-111-59078-1
定价：39.00 元

电话服务	网络服务
客服电话：010-88361066	机 工 官 网：www.cmpbook.com
010-88379833	机 工 官 博：weibo.com/cmp1952
010-68326294	金 书 网：www.golden-book.com
封底无防伪标均为盗版	机工教育服务网：www.cmpedu.com

前　言

　　工业机器人是集机械、电子、自动控制、计算机、传感器、人工智能等多领域技术于一体的现代制造业重要的自动化装备。随着国家产业结构转型升级的不断推进，市场对工业机器人应用与维护岗位的技能人才需求也呈井喷式增长。为满足职业（技工）院校工业机器人应用与维护专业技能人才的培养需求，在充分吸收国内外职业教育先进理念的基础上，职业（技工）院校骨干教师和企业技术人员共同编写了本书。

　　本书以培养技能人才为目标，坚持以就业为导向，以课程对接岗位、教材对接职业标准为依据，更好地适应了"工学结合、任务驱动模式"的教学要求。本书体例采用学习目标、任务描述、知识准备、任务实施、任务评价等结构框架，层次清晰，便于教学实施。

　　本书在内容安排上，以 ABB 工业机器人为研究对象，从工业机器人基础操作入手，介绍机器人程序数据以及程序编写与调试，然后以工业机器人的六大基本应用为例，介绍机器人基本工作站的编程与操作。在任务的选择上，以基本的典型工作任务为载体，坚持以能力为本位，重视实践能力的培养；在内容组织上，坚持"知识够用、技能过硬"的原则整合相关知识和技能，实现理论和操作的统一，有利于实现"做中学"和"学中做"，充分体现了认知规律。教材图文并茂，通俗易懂，符合职业教育规律，操作性强。

　　本书在编写过程中得到了广州市机电技师学院、郑州工业技师学院、广西轻工技师学院、清远职业技术学院、重庆市九龙坡职业教育中心以及广东三向教学仪器有限公司等有关领导和专家的大力支持，在此表示由衷的感谢。

　　由于编者水平有限，书中难免存在疏漏和不妥之处，恳请各位专家和广大读者批评指正。

编　者

目　录

项目一

工业机器人操作基础

任务一　认识工业机器人

学习目标

1. 了解工业机器人的发展历程,熟悉机器人定义以及行业应用情况;
2. 熟悉 ABB-IRB120 工业机器人的结构组成及日常维护与安全操作;
3. 能对典型工业机器人工作站进行简单的组装、调整与开关机操作。

任务描述

机器人技术在当代各个领域的应用日益广泛。工业机器人应用情况是反映一个国家工业自动化水平的重要标志。本任务的主要内容就是通过查阅资料、现场参观、观看视频等,了解机器人的发展历程、工业机器人的定义及其应用情况,熟悉 ABB 工业机器人基本工作站的系统构成及开关机操作,为后续工业机器人应用技术的学习打下基础。

知识准备

一、工业机器人概述

1. 机器人的发展历程

机器人(Robot)一词来源于捷克斯洛伐克作家卡雷尔·萨佩克 1921 年创作的一个名为"Rossums Uniersal Robots"(罗萨姆的万能机器人公司——罗萨姆万能机器人)的剧本。在剧本中,萨佩克把在罗萨姆万能机器人公司生产劳动的那些家伙取名为"Robot"(汉语音译为"罗伯特"),其意为"不知疲倦的劳动"。萨佩克把机器人定义为服务于人类的家伙,是一种人造的劳动力,它是最早的工业机器人设想。

1954 年美国人乔治·德沃尔制造出世界上第一台可编程的机器人(机械手),并申请了"通用机器人专利"。这种机器人能按照不同的程序从事不同的工作,因此具有通用性和灵活性。

1959年,德沃尔与美国发明家约瑟夫·英格伯格联手制造出第一台工业机器人 Unimate,随后,成立了世界上第一家机器人制造工厂——Unimation 公司。这个塔式外形的机器人可实现回转、伸缩、俯仰等动作,它被称为现代机器人的开端,开创了机器人发展的新纪元,如图 1-1-1 所示。由于英格伯格对工业机器人的研发和宣传,他也被称为"工业机器人之父"。

图 1-1-1　Unimation 公司生产的工业机器人

1968年,美国斯坦福研究所公布研发成功世界第一台智能机器人 Shakey,拉开了第三代机器人研发的序幕。这类机器人具有多种传感器,不仅可以感知自身状态,而且还能够感知外部环境的状态,并能够根据获得的信息,进行逻辑推理、判断决策,自主决定自身的行为,且具备故障自我诊断及修复能力。1978年美国 Unimation 公司推出了通用工业机器人 PUMA,这标志着工业机器人技术已经完全成熟。PUMA 至今仍然工作在工厂第一线。

自1969年,美国通用汽车公司用21台工业机器人组成了焊接轿车车身的自动生产线后,各工业发达国家都非常重视研制和应用工业机器人。进而,也相继形成了一批在国际上较有影响力的著名的工业机器人公司。目前在中国工业机器人市场上占有量比较多的有日系的和欧系的,如日本的发那科(FANUC)、日本的安川(YASKAWA),瑞典的 ABB、德国的库卡(KUKA)四大品牌。同时,国内也涌现了一批工业机器人生产商,如沈阳新松、安徽埃夫特、南京埃斯顿、广州数控和华中数控等,它们在市场上的占有率正逐年提高。

20世纪70年代初期,我国科技人员从外文杂志上敏锐地捕捉到国外机器人研究的信息,开始自发地研究机器人。20世纪80年代中期,我国机器人研发单位大大小小虽已有200多家,但多半从事的是低水平、重复性的研究,进展不大。直到1985年,工业机器人才被列入国家"七五"科技攻关计划研究重点,目标锁定在工业机器人基础技术、基础器件开发,以及搬运、喷涂和焊接机器人的开发研究五个方面。20世纪90年代初期,在国家"863"计划支持下,我国工业机器人又在实践中迈进一大步,具有自主知识产权的点焊、弧焊、装配、喷漆、切割、搬运、包装码垛7种工业机器人产品相继问世,还实施了100多项机器人应用工程,建立了20余个机器人产业基地。

目前,我国装备制造业要转型升级、提高自身竞争力,利用工业机器人转型智能制造成为发展趋势,也是中国制造2025的重大战略之一。可见,随着我国工业转型升级、劳动力成本不断攀升及机器人生产成本下降,国内机器人产业必将迎来一个大发展。因此,未来必然需要一大批工业机器人应用与维护技能人才。

2. 工业机器人的定义

工业机器人是集机械、电子、控制、计算机、传感器和人工智能等多种先进技术于一体的自动化装备。广泛采用工业机器人,不仅可提高产品的质量与数量,而且对保证人身安全、改善劳动环境、减轻劳动强度、提高劳动生产率、节约原材料消耗及降低生产成本等都有着十分重要的意义。因此,工业机器人的应用情况是衡量一个国家科技创新与高端制造业水平的重要标志。

国际上对机器人的定义有很多。

美国机器人协会(RIA)将工业机器人定义为一种用于移动各种材料、零件、工具或专用装置,通过程序动作来执行各种任务,并具有编程能力的多功能操作机。

日本工业机器人协会(JIRA)将工业机器人定义为一种装备有记忆装置和末端执行装置,能够完成各种移动来代替人类劳动的通用机器。

国际标准化组织(ISO)曾于1984年将工业机器人定义为一种自动的、位置可控的、具有编程能力的多功能操作机,这种操作机具有几个轴,能够借助可编程操作来处理各类材料、零件、工具和专用装置,以执行各种任务。

我国将工业机器人定义为一种自动定位控制,可重复编程、多功能的、多自由度的操作机。操作机被定义为具有和人手臂相似的动作功能,可在空间中抓取物体或进行其他操作的机械装置。

3. 工业机器人特点

(1)可编程

生产自动化的进一步发展是柔性自动化。工业机器人可随其工作环境变化的需要而再编程,因此它特别适用于小批量、多品种、个性化、定制化的高效率、柔性生产制造过程中,是柔性制造系统中的一个重要组成部分。

(2)拟人化

工业机器人在机械结构上有类似人的大臂、小臂、手腕、手等部位以及行走、腰转等动作,并用计算机控制。对于智能化工业机器人还有许多类似人类的"生物传感器",如皮肤型接触传感器、力传感器、负载传感器、视觉传感器、声觉传感器、语音功能传感器等。

(3)通用性

除专门设计的专用工业机器人外,一般机器人在执行不同的作业任务时具有较好的通用性。只需变换程序或更换工业机器人手部末端执行器(手爪、工具等)便可执行不同的作业任务。

(4)机电一体化

智能化机器人不仅具有获取外部环境信息的各种传感器,而且还具有记忆能力、语言理解能力、图像识别能力和推理判断能力等人工智能。工业机器人与自动化成套技术,集中并融合了微电子技术、计算机技术等多种学科,涉及多个领域,包括控制技术、机器人仿真、激光加工技术、模块化程序设计、智能测量、建模加工一体化、工厂自动化及精细物流等先进技术,技术综合性强。

二、工业机器人的应用

工业机器人自问世以来就显示出极大的生命力,在短短 50 年的时间里,机器人技术得到迅猛发展。目前,工业机器人已广泛应用于汽车及其零部件制造业、机械加工行业、电子电气行业、橡胶及塑料工业、食品饮料工业、木材与家具制造业等领域中,各主要行业对机器人的需求分布如图 1-1-2 所示。当今世界超过 50% 的工业机器人集中使用在汽车及汽车零部件领域,主要用于搬运、码垛、焊接、涂装和装配等复杂作业。

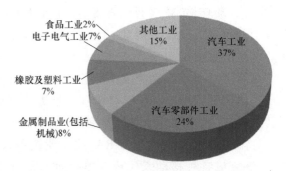

图 1-1-2　工业机器人行业需求分布

1. 机器人搬运

机器人搬运是指用机器人的一种工装夹具握持物料或工件,从一个位置搬运到另一个位置的操作。搬运作业中机器人可安装不同的末端执行器(如机械手爪、真空吸盘、电磁吸盘等)以完成各种不同形状和状态的工件搬运,大大减轻了人类繁重的体力劳动,通过编程控制,可以实现多台机器人配合各个工序不同设备流水线作业的最优化。搬运机器人具有定位准确、工作节拍可调、工作空间大、性能优良、运行平稳、维修方便等特点。目前搬运机器人广泛应用于机床上下料、自动装配流水线、码垛搬运、集装箱搬运等自动搬运,机器人搬运如图 1-1-3、图 1-1-4 所示。

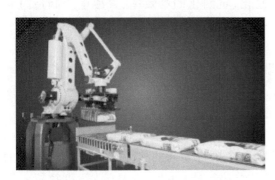

图 1-1-3　物料搬运

图 1-1-4　机床上下料

2. 机器人码垛

机器人码垛是指按照要求的编组方式和层数,完成对料带、胶块、箱体等各种产品的码垛,如图 1-1-5 所示。机器人替代人工搬运、码垛,能够提高生产效率,降低生产事故,节约人力资源成本,实现减员增效。码垛机器人广泛应用于化工、饮料、食品、啤酒、塑料等生产企业,对纸箱、袋装、罐装、啤酒箱等各种形状的包装成品进行码垛。

3. 机器人焊接

机器人焊接是目前最大的工业机器人应用领域(如汽车制造、工程机械、电力建设、钢结构等），它能在恶劣环境下连续工作并能确保焊接质量，工作效率高，劳动强度低。采用机器人焊接，突破了焊接刚性自动化的传统方式，开拓了一种柔性自动化生产方式，实现了在一条焊接机器人生产线上同时自动生产若干种焊件。通常使用的焊接机器人有点焊机器人和弧焊机器人，机器人车身焊接如图 1-1-6 所示。

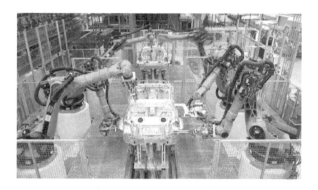

图 1-1-5　机器人码垛　　　　　　　　　　图 1-1-6　机器人车身焊接

4. 机器人涂装

机器人涂装充分利用了机器人灵活、稳定、高效的特点，适用于生产量大、产品型号多、表面形状不规则的工件外表面涂装，广泛应用于汽车，汽车零部件（如发动机、保险杠、变速器、弹簧、板簧、塑料件、驾驶室等），铁路机车，家电（如电视机、电冰箱、洗衣机、计算机等外壳），建材（如卫生陶瓷），机械（如电动机减速器）等行业，机器人涂装如图 1-1-7 所示。

5. 机器人装配

装配机器人是柔性自动化系统的核心设备，它具有精度高、柔顺性好、工作范围小、易与其他系统配套使用等特点，主要应用于各种电器制造行业及流水线产品组装作业，机器人手机装配如图 1-1-8 所示。其末端执行器为适应不同的装配对象而设计成各种"手爪"，传感系统用于获取作业环境和装配对象的信息。

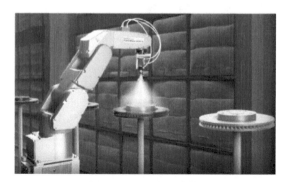

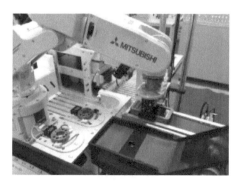

图 1-1-7　机器人涂装　　　　　　　　　　图 1-1-8　机器人手机装配

三、工业机器人工作站

在实际工业应用中,工业机器人需要配备相应的工装夹具、附属装置及周边设备,从而形成一个完整的系统,这个完整的工业机器人系统通常被称为工业机器人工作站。图1-1-9 所示为某典型的工业机器人基本技能工作站,用于实现工业机器人基本技能训练任务。

图 1-1-9　典型的工业机器人基本技能工作站

1. 工作站系统集成

典型的工业机器人基本技能工作站主要由工业机器人、实训操作平台、任务模型及夹具、电气控制板(操作面板)、工具挂板以及安全栅栏等部分组成。

（1）工业机器人

该工作站采用 ABB-IRB120 工业机器人,其有效负载 3kg,臂展 0.58m,配套工业立式IRC5 控制器,示教器具有中文操作界面。底座由 20mm 厚钢板地脚固定,机器人本体安装紧固在底座上,如图 1-1-10 所示。

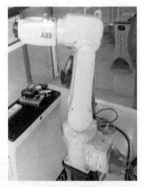

图 1-1-10　ABB-IRB120 工业机器人及本体安装底座

（2）实训操作平台

实训操作平台用于安装多种工作任务模型,以完成工业机器人的各种基本技能训练。平台工作面具有 40mm×40mm 网格螺纹安装孔,侧面配有电路与气路接口盒,上面有急停按钮、信号接口、气路接口等,如图 1-1-11 所示。

（3）任务模型及夹具

该工作站配置有 6 种基本任务模型,用以完成工业机器人的 6 类基本任务实训,具体任务模型、配套夹具及完成的实训任务见表 1-1-1。为规范管理,通常将工作站配置的任务模型及其相应夹具、物料等分层存储在专门的模型存储箱中（见图 1-1-12）。

图 1-1-11　工作站实训操作平台

图 1-1-12　模型存储箱

表 1-1-1　任务模型、夹具及任务

序号	模型类别	任务模型	工装夹具	实训任务
1	轨迹描绘任务模型	轨迹描绘模型是一块轨迹图形板	夹具为绘图笔夹具	熟悉机器人简单运动指令的用法,运用简单指令完成模型板上所标识图形等的描绘
2	汽车涂胶任务模型	汽车涂胶模型由汽车模型、胶枪模型、玻璃块放置板等组成	夹具为双吸盘夹具	熟悉运动指令、信号控制指令等,模拟实际的汽车玻璃涂胶生产过程
3	图块搬运任务模型	图块搬运模型由两块相同的物料放置板及其对应的物料组成	夹具为基础双吸盘夹具	熟悉循环指令及偏置指令的使用,模拟实际生产中的物料搬运过程

（续）

序号	模型类别	任务模型	工装夹具	实训任务
4	物料码垛任务模型	物料码垛模型由大小两个不同的物料放置底板及其物料构成	夹具为双吸盘夹具	根据自己设计的码垛图案进行编程,熟悉运动指令、循环指令及条件指令在生产中使用
5	工件装配任务模型	工件装配模型由物料(工件)放置板、物料(工件)装配板及大小物料(工件)组成	夹具为抓手吸盘夹具	模拟实际工件的装配及拆解过程,熟悉机器人工作的路径规划及示教过程
6	检测排列任务模型	检测排列模型由检测放置组件、储物盒、玻璃块组成	夹具为基础双吸盘夹具	该任务主要是通过传感器对玻璃块长短边进行检测,熟悉判断指令在生产中的使用

（4）电气控制面板

电气控制板主要包括电源开关、急停按钮、PLC、熔断器、钮子开关及指示灯等,其主要功能是实现工作站电源控制、自动模式下工作站的运行状态控制及指示等,如图1-1-13所示。

（5）工具挂板

为便于操作,该工作站还配备有工具挂板（见图1-1-14）,悬挂固定在工作站附近

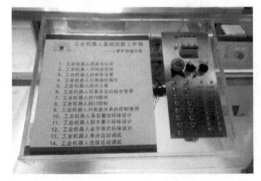

图 1-1-13　电气控制面板

图 1-1-14　工具挂板及工具

的墙壁上，主要用来放置实训操作过程中可能用得到的工具。

（6）安全栅栏

为了确保实训操作安全，工业机器人工作站四周设置有安全栅栏，如图 1-1-15 所示。栅栏总体高 2000mm，采用 10mm 厚钢化玻璃，框架为优质铝合金型材；安全栅栏门框上安装有安全检测元件，机器人运行时必须在人员离开、安全门关闭的状态下才能进行。

2. 工业机器人系统

工业机器人系统主要由机器人本体、控制器和示教器等部分组成，各部分之间由动力电缆、控制电缆及信号电缆连接，如图 1-1-16 所示。

图 1-1-15　安全栅栏

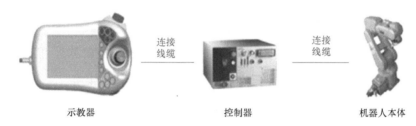

示教器　　　　　　控制器　　　　　机器人本体

图 1-1-16　工业机器人系统

（1）机器人本体

机器人本体是工业机器人的机械主体，是用来完成各种作业的执行机构。它主要由机械臂、驱动装置、传动单元及内部传感器等部分组成。

1）机械臂。机械臂是一个模拟人的手臂的空间开链式机构，一端固定在基座上，另一端可自由运动。机械臂通常可分为基座、腰部、臂部（大臂和小臂）和手腕等 4 部分，由 4 个独立旋转"关节"（腰关节、肩关节、肘关节和腕关节）串联而成，它们可在各个方向运动，这些运动就是机器人在"做工"。

工业机器人的基座是机器人的基础部分，起支撑作用，整个执行机构和驱动系统都安装在基座上。为了实现机器人远距离操作，有时也在基座上增加滚轮式、履带式或连杆式行走机构。

腰部是机器人手臂的支撑部分。腰部可以在基座上转动，也可以通过导杆或导槽在基座上移动，从而增大工作空间。

手臂是执行机构中的主要运动部件，连接机身和手腕，它由操作机的动力关节和连接杆件等构成，主要用于改变手腕和末端执行器的空间位置，满足机器人的作业要求。手臂的运动方式有直线运动和回转运动两种。

手腕主要用于改变末端执行器的空间姿态。它是连接末端执行器和手臂的部分，并将作业载荷传递到臂部。机器人一般需要有 6 个自由度（见图 1-1-17）才能使手部（末端执行器）到达目标位置并处于期望的姿态，手腕的自由度主要用于实现所期望的姿态。

六轴工业机器人最后一个轴的机械接口通常用于连接法兰，可接装不同的机械操作装置（习惯上称为末端执行器），如夹紧爪、吸盘、焊枪（见图1-1-18）等。

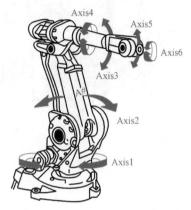

图1-1-17　工业机器人6个自由度

图1-1-18　末端执行器——焊枪

2）驱动装置。驱动装置是驱使工业机器人机械臂运动的机构，相当于人的肌肉、筋络。工业机器人大多采用电气驱动，其中交流伺服电动机应用最广，且驱动器布置大都采用一个关节一个驱动器。

3）传动单元。工业机器人目前广泛采用的机械传动单元是减速器，它具有传动链短、体积小、功率大、质量轻和易于控制等特点。机器人关节减速器主要有RV减速器和谐波减速器两类，一般将RV减速器放置在基座、腰部、大臂等重负载位置；而将谐波减速器放置在小臂、腕部或手部等轻负载位置。此外，机器人还采用齿轮传动、链（带）传动、直线运动单元等。

（2）控制器

机器人控制器是根据指令以及传感信息控制机器人完成一定动作的控制装置，是机器人系统中更新和发展最快的部分。它通过硬件和软件的结合来操纵机器人，并协调机器人与周边设备的关系，其基本功能如下：

1）示教功能。它包括在线示教和离线示教两种。

2）记忆功能。它用于存储作业顺序、运动路径及生产工艺有关的信息等。

3）位置伺服功能。它用于机器人多轴联动、运动控制、速度和加速度控制、动态补偿等。

4）通信联络功能。与传感器及外围设备的通信联络功能，包括输入/输出接口、传感器接口、通信接口、网络接口等。

5）故障诊断安全保护功能。它用于运行时状态监视、故障状态下的安全保护和自诊断等。

（3）示教器

示教器是机器人的人机交互接口，主要由液晶屏幕和操作按键组成。机器人的所有操作基本上都可通过示教器来完成，如点动机器人，编写、测试和运行机器人程序，设定、查阅机器人状态设置和位置等。

当用户按下示教器上的操作按键时，示教器通过线缆向机器人控制器发出相应的指令代码（S0）；此时，控制器串口通信子模块接收指令代码（S1）；然后，由解码模块解码后，向相关模块发送与指令码相应的消息（S2），以驱动有关模块完成该指令码要求的具体功能（S3）；同时，控制器相关模块也将机器人的运动状态信息（S4）经串口发送给示教器（S5），并在液晶屏上显示，从而实现与用户沟通，完成数据交换功能。因此，示教器实质上就是一个专用的智能终端。

3. 工业机器人安全操作

工业机器人是一种典型的机电一体化设备，它涉及机、电、气、液等较宽的知识面，因此，对从事工业机器人及机器人工作站操作与维护的工作人员也提出了更高的素质要求。

1）严格遵守机器人操作规程。机器人操作规程是保证操作人员安全的重要措施之一，使用者在初次操作机器人时，必须认真阅读设备使用说明书，严格按照操作规程正确操作。

2）初次使用机器人要手动慢速操作。如果机器人是第一次使用或长期没有使用时，要先手动操作使其各轴慢速运动。如有需要，还要进行机器人机械原点校准。

3）注意关闭总电源。在进行机器人的安装、维修和保养时切记要将总电源关闭。带电作业可能会造成机器人及设备损坏，甚至导致人员伤亡事故发生。

4）与机器人保持足够安全距离。在调试与运行机器人时，机器人的动作具有不可预测性，而且，所有的运动都会产生很大的作用力，从而严重伤害工作人员或损坏机器人工作范围内的任何设备。机器人安全作业区如图 1-1-19 所示。

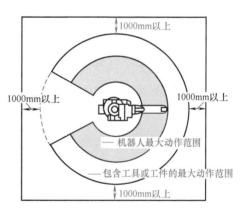

图 1-1-19　机器人安全作业区

5）紧急停止。紧急停止优先于任何其他机器人控制操作，它会断开机器人电动机的驱动电源，停止所有运转部件，并切断由机器人系统控制的、且存在潜在危险的功能部件的电源。出现以下情况时请立即按下任意紧急停止按钮：①运行中的机器人工作区域内有工作人员；②机器人伤害了工作人员或损伤了机器设备。

6）示教器的安全。①使用示教器时要小心操作，不要摔打、抛掷或重击，否则可能会导致其破损或故障。②应用触摸笔或手指去操作示教器触摸屏，切勿使用螺钉旋具等尖锐锋利的物体操作，以免使触摸屏受损。③在不使用时要将示教器挂到专门的存放支架上，以防意外掉落。④在使用和存放示教器时均应避免他人踩踏电缆。⑤要定期使用软布蘸少量水或中性清洁剂清洁触摸屏，切勿使用溶剂、洗涤剂或擦洗海绵清洁，清洁前一定要关闭示教器。

7）工作中的安全。机器人最高运行速度可达 4m/s，即便是运动速度很慢，但运动力度却很大，机器人运动中的停顿或停止都可能会产生危险。即使可以预测机器人的运动轨迹，但外部信号还是有可能改变其动作，会在没有任何警告的情况下，产生意想不到的运动。因此，当进入安全保护空间时，请务必遵循所有的安全条例。例如，只要在安全保护空间之内工作，就应始终以手动减速模式进行操作。

任务实施

一、参观工厂车间或学校实训室

记录工业机器人的品牌及型号，查阅相关资料，了解工业机器人的主要技术指标及应用特点，并填写表 1-1-2。

表 1-1-2　参观工厂、实训室记录表

序号	工业机器人品牌及型号	主要技术指标	应用特点
1			
2			
3			

二、观看工业机器人应用视频录像

记录工业机器人的品牌及型号，查阅相关资料，了解工业机器人的结构特点、技术参数与应用情况等，并填写表 1-1-3。

表 1-1-3　观看工业机器人在工厂自动化生产线中的应用录像记录表

序号	工业机器人品牌及型号	结构特点及技术参数	应用情况
1			
2			
3			

三、机器人工作站基本操作

1. 工作站设备组装

按照图样要求将机器人工作站各组成部分固定安装或放置在适当位置，为构建工业机器人基本技能工作站做好准备。

2. 机器人控制器操作

该工作站采用 ABB 公司生产的 IRC5 控制器，机器人的运动算法全部集成在控制器里，实现强大的数据运算和各种运行逻辑控制，大幅提升了 ABB 机器人执行任务的效率。

IRC5 控制器操作面板上包括控制器电源开关、控制器急停按钮、模式切换按钮、I/O 输入输出板、动力电缆、编码器电缆、示教器电缆等

图 1-1-20　IRC5 控制柜操作面板

（见图 1-1-20），控制器部件的功能说明见表 1-1-4。

表 1-1-4 IRC5 控制柜部件功能说明

标号	部件名称	功 能 说 明
1	控制器电源电缆	机器人控制器电源供应
2	控制器电源总开关	控制机器人设备电源的通断
3	控制器急停按钮	机器人的紧急停止
4	模式切换旋钮	用于切换机器人自动运行/手动运行
5	抱闸按钮	按下按钮后机器人的所有关节失去抱闸功能,便于拖动示教机器人或拖动机器人离开碰撞点,避免二次碰撞
6	伺服上电/复位按钮	机器人伺服上电/复位(主要应用于自动模式)
7	动力电缆	机器人本体伺服电机的动力供应
8	编码器电缆	机器人六轴伺服电机编码器的数据传输
9	示教器电缆	示教器与机器人控制柜的通信连接
10	I/O 输入输出板	机器人 I/O 输入输出接口,与外部进行 I/O 通信

3. 工业机器人系统连接

按照如图 1-1-21 所示的 ABB-IRB120 工业机器人系统接线图进行工业机器人系统的线缆连接。

4. 机器人工作站停送电操作 （扫二维码观看视频）

1）检查并确认工作站安装接线无误后，在指导教师的许可下接通机器人工作站电源。

2）合上电气控制面板上的电源断路器，将"关机/开机"旋钮开关旋转到开机状态（如图 1-1-22），机器人 IRC5 控制器的两个散热风扇转动。

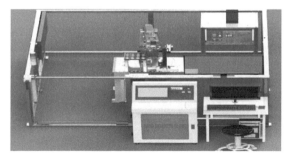

图 1-1-21 ABB-IRB120 工业机器人系统接线图

图 1-1-22 电气控制面板送电操作

3）将机器人 IRC5 控制器操作面板上的电源开关从水平旋转到垂直状态（即从 OFF 旋转到 ON），等待机器人系统启动完毕，即完成开机操作。

4）将模式切换旋钮旋转到手型图案，使机器人进入手动模式，如图 1-1-23 所示。这时，按下示教器使能键，使电机处于开起状态，然后操作示教器上的操纵杆便可进行手动控制机器人运行操作状态。

5）关机操作。在示教器触摸屏上单击"≡∨"，选中"重新启动"，单击"高级"，出现"高级重启"操作窗口，如图 1-1-24 所示，选中"关闭主计算机"，单击"下一个"，然后单击"关闭主计算机"，系统在自动保存当前程序及系统参数后关机。

图 1-1-23 控制器操作面板送电操作

图 1-1-24 关机操作窗口

待系统关闭 30s 后，再先后将机器人控制器的电源总开关、电气控制面板上的电源开关关闭，最后关闭机器人工作站电源总开关。

6）急停与复位。在紧急情况下，迅速按下急停按钮（示教器上、控制器面板上或电气控制面板上的红色急停按钮），机器人立即停止运行；重新送电启动前，需要进行复位操作，即旋转急停开关使其复位，然后按下控制器面板上的复位按钮（白色伺服上电\复位按钮），复位操作完成。

任务评价

对任务实施的完成情况进行检查，并将结果填入表 1-1-5。

表 1-1-5 任务测评表

序号	主要内容	考核要求	评分标准	配分	扣分	得分
1	参观工厂学校	正确记录工业机器人的品牌及型号，正确描述主要技术指标及特点	1. 记录工业机器人的品牌、型号有错误或遗漏，每处扣 5 分 2. 描述主要技术指标及特点有错误或遗漏，每处扣 5 分	10		
2	观看视频录像	正确记录工业机器人的品牌及型号，正确描述主要技术指标及特点	1. 记录工业机器人的品牌、型号有错误或遗漏，每处扣 5 分 2. 描述主要技术指标及特点有错误或遗漏，每处扣 5 分	10		
3	机器人控制器操作	正确操作控制器面板，能进行工业机器人系统的正确连接	1. 描述控制器面板部件的功能有错误或遗漏，每处扣 5 分 2. 系统接线有错误或遗漏，每处扣 5 分 3. 操作不规范的，每出现一次扣 10 分	30		

（续）

序号	主要内容	考核要求	评分标准	配分	扣分	得分
4	机器人工作站操作	1. 观察机器人操作过程,能描述工业机器人的安全注意事项、安全使用原则和操作注意事项 2. 能正确进行工业机器人的操作	1. 不能说出工业机器人的安全注意事项,每项扣5分 2. 不能说出工业机器人的安全使用原则,每项扣5分 3. 不能说出工业机器人的操作注意事项,每项扣5分 4. 不能根据控制要求,完成工业机器人的简单操作,每项扣5分	40		
5	安全文明生产	劳动保护用品穿戴整齐;遵守操作规程;讲文明礼貌;操作结束要清理现场	1. 操作中,违反安全文明生产考核要求的任何一项扣5分,扣完为止 2. 当发现学生有重大事故隐患时,要立即予以制止,并每次扣安全文明生产总分5分	10		
开始时间:			合 计			
结束时间:		测评人签名:		测评结果		

任务二 示教器的简单使用

学习目标

1. 了解示教器结构组成及各部分功能;
2. 掌握示教器的手持方法与正确使用;
3. 能够合理配置示教器的基本操作环境;
4. 熟练掌握工业机器人系统的开关机操作。

任务描述

通过查阅机器人使用说明书及相关技术资料,熟悉示教器的结构及功能,掌握示教器的手持方法与使用,能够配置示教器的基本操作环境、查看机器人事件日志,熟练掌握机器人系统的开关机操作。

知识准备

一、示教器认识

1. 示教器的结构组成

机器人示教器是一种手持式操作装置,用于执行与操作机器人系统的程序编写与调试、程序运行与监控及系统参数配置等任务。

示教器结构组成如图1-2-1所示,它主要包括使能器按钮、触摸屏、触摸笔、急停按钮、操纵杆和一些功能按钮等。各主要部件的功能说明见表1-2-1。

表 1-2-1　示教器主要部件功能说明

标号	部件名称	说　明
1	连接线缆	与机器人控制柜连接
2	触摸屏	机器人程序的显示和机器人状态的显示
3	急停按钮	紧急情况下停止机器人动作
4	操纵杆	控制机器人的各种运动,如关节轴运动、直线运动等
5	USB 接口	将机器人程序复制到 U 盘或将 U 盘的程序复制到机器人
6	使能器按钮	给机器人的 6 个轴电机使能上电
7	触摸笔	用于操作触摸屏
8	复位按钮	将示教器重置为出厂状态

示教器各功能按键如图 1-2-2 所示，其功能说明见表 1-2-2。

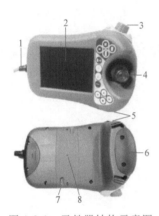

图 1-2-1　示教器结构示意图

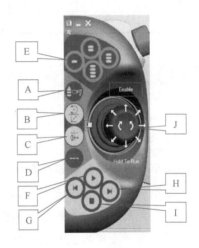

图 1-2-2　示教器的功能按键

表 1-2-2　示教器按键的功能说明

标号	说　明
A	机械单元切换,如果有附加外部机械轴装置,可以进行机器人本体、附加轴之间的快速切换
B	运动模式切换,机器人线性/重定位运动模式之间的快速切换
C	关节运动模式切换,机器人关节运动 1～3 轴/4～6 轴之间的快速切换
D	增量控制模式切换,开启或者关闭机器人增量运动模式,即增量有无的快速切换
E	自定义键,又称预设按键。根据程序的需要定义信号开关状态(只能配置位输出量),便于程序进行调试
F	运行启动按键,机器人正向运行整个程序
G	后退按键,使程序逆向运动,程序运行到上一条指令
H	前进按键,使程序正向运动,程序运行到下一条指令
I	暂停按键,机器人暂停运行程序
J	操作杆,又称操作手柄。在电机开起状态下,控制机器人运动,其运动方式与触摸屏上手动操作界面一致

2. 示教器的手持方式（扫二维码观看视频）

示教器应用手臂托起扣紧使用，如图1-2-3所示。一般用左手手持设备，四指穿过张紧带，指头扣压使能器按钮，掌心与大拇指握紧示教器。

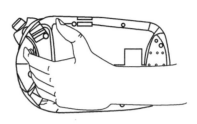

图1-2-3　示教器的手持方式

使能器按钮有两个档位，按下第一档位机器人将处于电机上电开起状态；松开或按下使能器第二档位电机均为断电关闭状态，即机器人处于防护装置停止状态。因此，操作示教器时，要注意使用适当的力度握住使能器按钮才能给机器人使能上电。

二、基本操作环境配置

示教器是进行机器人手动操纵、程序编写、参数配置及运行监控的手持装置，要实现其控制功能，必须合理配置示教器的基本操作环境。

1. 设定显示语言

示教器的默认显示语言是英文。当机器人系统中已经安装了中文插件时，可以通过相关操作把示教器显示语言设定为中文，更改语言属于系统配置修改。

2. 设定系统时间

正确的机器人系统时间能够为系统文件管理、故障查阅与处理提供时间基准，在系统启动后应尽快将机器人系统时间设定为本地时间。

3. 设置屏幕方向和亮度

示教器屏幕的默认显示方向适合于右手操作者，左手操作者使用示教器时需要将屏幕的显示方向旋转180°。更改屏幕显示方向和修改屏幕亮度的具体操作将在任务实施中介绍。

三、查看机器人常用信息与事件日志

通过示教器画面上的状态栏可以进行机器人常用信息的查看。图1-2-4所示为示教器开机后出现的画面，其中"≡∨"为菜单键，单击将显示主菜单画面。

状态栏"．．．"分别显示机器人的状态（手动/全速手动/自动）、机器人的系统信息、机器人电机状态、机器人程序运行状态以及当前机器人或外轴的使用状态。图示状态为自动模式，电机关闭，运行速度100%。单击状态栏这个界面，就可以查看机器人的事件日志（包括历史报警信息等），如图1-2-5所示。

单击显示屏画面上的黄色箭头可以翻看历史信息，单击单条代码，可查看该状态详

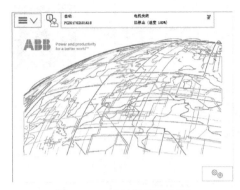

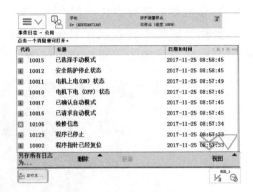

图 1-2-4　示教器开机画面　　　　　图 1-2-5　机器人事件日志画面

细情况介绍；"　　　"为窗口页面，"　　　"为设置界面，主要包括程序调试运行时的一些设置，如速度百分比、单周/连续、步进模式等；单击"　⊠　"，关闭当前显示的页面信息。

四、机器人系统的开关机操作

1. 开机前的检查

1）检查机器人本体和末端执行器的机械安装是否完成；机器人本体、末端执行器、控制器以及示教器之间的电力电缆、信号电缆、气路连接是否完成。

2）检查机器人系统的安全保护机制是否建立完善，所需的安全保护电路是否正确连接。

3）检查机器人系统上级电源的安全保护电路是否完成施工接线，电压保护、过载保护、短路保护及漏电保护等功能是否正常工作。

2. 开机操作注意事项

先检查后开机是机器人系统首次开机的标准操作流程，日常开机可直接切换电源开关启动；按照先急停、后启动的顺序来启动整个机器人系统，能够最大限度地保护操作人员的安全。

3. 关机与重启操作

（1）关机操作

在示教器触摸屏上单击"　≡∨　"，选中"关机"并确认，系统将自动保存当前程序及系统参数后关闭。待系统关闭 30s 后，再将控制柜总电源关闭。

（2）重启操作

在出现以下 4 种情况时，需要重新启动机器人系统：

1）在机器人系统中安装了 I/O 通信板等新的硬件。

2）更改了机器人系统的配置文件。

3）添加了新的系统并准备使用。

4）出现系统运行故障。

通过选中示教器"高级重启"操作窗口中的"重启"选项，单击"下一个"，然后单击"重启"，即可重启机器人系统；或在示教器任意窗口界面下单击"<u>≡∨</u>"，在弹出的操作窗口中直接选择"重新启动"，并单击"重启"，也可重启机器人系统。

4. 急停与恢复的操作

（1）急停

机器人系统通常设有 2 个以上的紧急停止按钮，系统标配有 2 个急停按钮分别位于控制器和示教器上。实际工作中，可以根据使用需要，将更多的保护功能按钮（如安全光幕门、极限位置开关等）接入机器人集成系统中，从而自动触发机器人系统安全停止或紧急停止。

当机器人本体有可能伤害到工作人员或机械设备时，应在第一时间按下最近的紧急停止按钮，机器人系统将自动断开驱动电源与本体电机的连接，停止所有部件的运行。机器人系统紧急停止后，示教器的状态栏将以红色字体显示"紧急停止"。

（2）急停后的恢复操作

当危险状态已被排除，机器人系统重新恢复运行时，首先要将急停按钮解锁；解锁后，系统并没有完全恢复，示教器的状态栏将以红色字体显示"紧急停止后等待电机开启"。按下控制器上的白色按钮（伺服上电/复位按钮），机器人系统从紧急停止状态恢复正常操作。

任务实施

一、基本操作环境配置

1. 设定显示语言（扫二维码观看视频）
设定显示语言的操作步骤及说明见表 1-2-3。

表 1-2-3　设定显示语言的操作步骤及说明

步骤	图　示	说　明
1	 Manual　Sy (XUEYUANTIAN)　Guard Stop　Stopped (Speed 100%) HotEdit　Backup and Restore Inputs and Outputs　Calibration Jogging　Control Panel Production Window　Event Log Program Editor　FlexPendant Explorer Program Data　System Info Log Off Default User　Restart ROB_1	单击"≡∨"，选择"Control Panel"

（续）

步骤	图　示	说　明
2	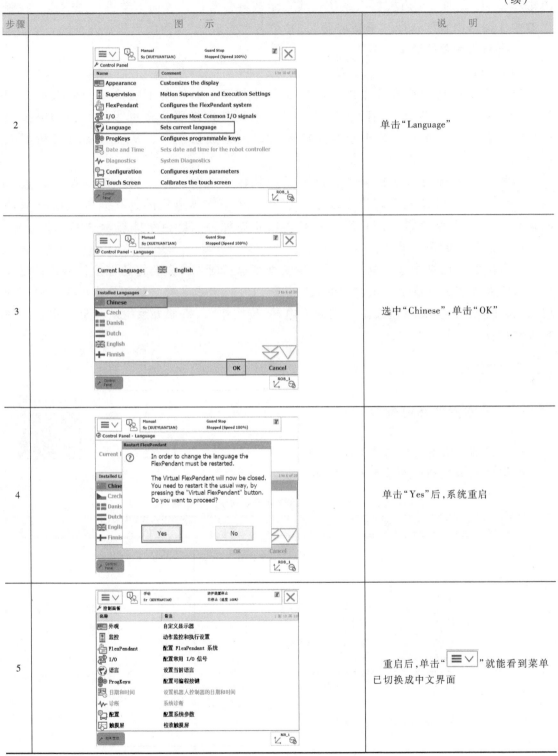	单击"Language"
3		选中"Chinese"，单击"OK"
4		单击"Yes"后，系统重启
5		重启后，单击"≡∨"就能看到菜单已切换成中文界面

2. 设定系统时间

设定系统时间的操作步骤及说明见表 1-2-4。

表 1-2-4 设定系统时间的操作步骤及说明

步骤	图 示	说 明
1		在"控制面板"界面下,单击"日期和时间"选项
2		通过单击"+"或者"−"来完成日期和时间的设定,然后单击"确定"

3. 设置屏幕方向和亮度

设定屏幕方向和亮度的操作步骤及说明见表 1-2-5。

表 1-2-5 设定屏幕方向和亮度的操作步骤及说明

步骤	图 示	说 明
1		在"控制面板"界面下,单击"外观"选项
2		选中"向右旋转",并单击"OK"确认,即可完成屏幕显示方向的重新设定

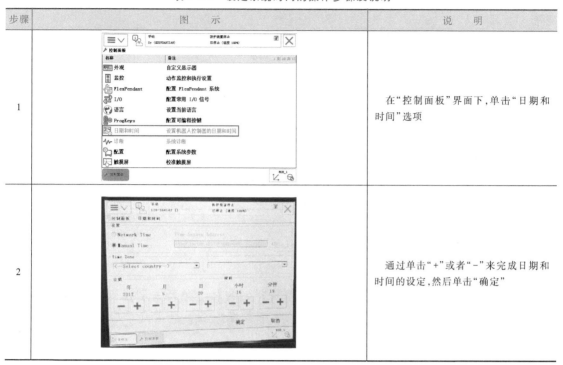

（续）

步骤	图　示	说　明
3	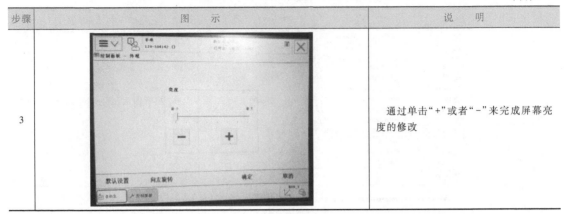	通过单击"＋"或者"－"来完成屏幕亮度的修改

二、机器人系统的开关机操作

1. 开机操作

按下机器人控制柜上的急停按钮，将控制器上的总电源开关切换到 ON 的状态。注意，先检查后开机是机器人系统首次开机的标准操作流程，日常开机可直接切换电源开关启动。

2. 关机与重启操作

（1）关机操作

1）使用示教器上的停止键（STOP）关机。

2）使用程序中的 STOP 指令停止所有程序的运行。

3）在示教器触摸屏上单击"≡∨"，选中并单击"关闭主计算机"，系统将自动保存当前程序及系统参数。待系统关闭 30s 后，再将控制器总电源关闭。

（2）重启操作

1）选中示教器"高级重启"操作窗口中的"重启"选项，单击"确定"即可重启机器人系统。

2）在任意窗口界面下单击"≡∨"，在弹出的操作窗口中直接选择"重新启动"，并确认"重启"也可重启机器人系统。

3. 急停与恢复

1）急停

按下任一急停按钮，机器人系统将紧急停止或安全停止。机器人系统紧急停止后，示教器的状态栏将以红色字体显示"紧急停止"。

2）急停后的恢复

急停按钮解锁，示教器状态栏显示"紧急停止后等待电机开启"，按下控制器白色"启动"按钮（伺服上电/复位按钮），机器人系统从紧急停止状态恢复正常操作。

 任务评价

对任务实施的完成情况进行检查，并将结果填入表 1-2-6。

表 1-2-6 任务测评表

序号	主要内容	考核要求	评分标准	配分	扣分	得分
1	基本操作环境配置	熟悉示教器各按键功能与使用,能够正确配置其基本操作环境	1. 示教器各功能按键使用不熟悉的,每次扣5分 2. 不能够规范使用操作示教器的,每次扣5分 3. 基本操作环境配置操作不规范的,每次扣5分 4. 基本操作环境配置内容选择不符合要求的,每次扣5分	20		
2	开机操作	进行正确、规范的开机操作	1. 开机前未进行检查的,每次扣10分 2. 开机操作步骤不符合规范要求的,每次扣10分	30		
3	关机操作	正确选用不同的关机操作方式,进行规范的关机与重启操作	1. 关机操作方式选用不符合要求的,每次扣5分 2. 关机操作步骤不符合规范要求的,每次扣10分 3. 系统关闭不足30s便关闭控制柜总电源的,每次扣5分 4. 重启操作不符合要求的,每次扣5分	20		
4	急停与恢复操作	正确选用不同的急停按钮,进行规范的急停操作与急停后恢复	1. 急停按钮选择不合理的,每次扣5分 2. 急停后不能够进行规范解锁操作的,每次扣5分 3. 急停后的恢复操作不符合要求的,每次扣10分	20		
5	安全文明生产	劳动保护用品穿戴整齐;遵守操作规程;讲文明礼貌;操作结束要清理现场	1. 操作中,违反安全文明生产考核要求的任何一项扣5分,扣完为止 2. 当发现学生有重大事故隐患时,要立即予以制止,并每次扣安全文明生产总分5分	10		
开始时间:			合计			
结束时间:		测评人签名:		测评结果		

任务三　工业机器人基本操作

学习目标

1. 能够独立完成工业机器人系统数据备份与恢复;
2. 熟悉机器人关节运动、线性运动和重定位运动操作;
3. 能够对工业机器人进行转速计数器更新操作。

任务描述

机器人的手动操纵是掌握机器人应用的基础。本任务的主要内容是通过查阅资料、现场训练等方式，掌握机器人系统的数据备份与恢复；熟悉关节运动、线性运动和重定位运动等的规范操作；了解在原点数据丢失的情况下，如何进行机器人的校准操作，为后续工业机器人基本应用的学习与操作打下基础。

知识准备

一、机器人数据备份与恢复（扫二维码观看视频）

定期对工业机器人的数据进行备份是保证机器人正常工作的良好习惯。工业机器人数据备份的对象是所有正在系统内存运行的 RAPID 程序和系统参数。当机器人系统出现错乱或重新安装新系统后，可以通过备份快速地把机器人恢复到备份时的状态。

操作人员在对系统指令或参数做重大修改之前，或在重大修改已经做出并通过测试之后都应该尽快备份系统。对于指令和参数的修改不满意或者程序系统已损坏的情形，则应该第一时间进行系统恢复。通过外界 USB 设备或系统自带的存储器单元可以进行系统的备份与恢复。

在进行数据恢复时，备份数据是具有唯一性的，不能将一台机器人的备份数据恢复到另一台机器人中去，这样做会造成系统故障。但是，实际应用中常会将程序和 I/O 的定义做成通用的，方便批量生产时使用。这时，可以通过分别单独导入程序和 EIO 文件（系统参数配置文件）来解决实际的需要。

二、机器人的手动操纵

手动操纵机器人运动一共有三种模式：关节运动、线性运动和重定位运动。

1. 关节运动

关节运动，又称单轴运动，是指单独控制机器人某一个关节轴运动，机器人末端轨迹难以预测。一般只用于移动某关节轴至指定位置、校准机器人关节原点等场合。一般工业机器人有 6 个伺服电动机，分别驱动机器人的 6个关节轴，如图 1-3-1 所示。那么，每次手动操纵一个关节轴的运动，就称之为关节运动。

使用示教器面板上的操纵杆实现机器人手动操作时，要依照显示屏"操纵杆方向"显

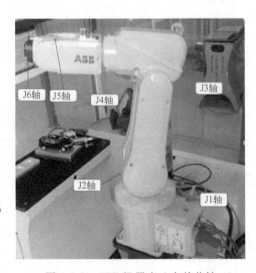

图 1-3-1　ABB 机器人 6 个关节轴

示，较小幅度操作操纵杆，实现机器人各关节运动。操纵杆的使用技巧是：操纵杆的操纵幅度是与机器人的运动速度相关的。操纵杆幅度小，则机器人运动速度慢；操纵杆幅度大，则机器人运动速度快。所以，我们在初始练习机器人手动操纵操作时，尽量以小幅度操作操纵杆使机器人缓慢运动，以确保安全。

2. 线性运动

机器人的线性运动是指安装在机器人第六轴法兰盘上工具的 TCP 在空间作线性运动，如图 1-3-2 所示。

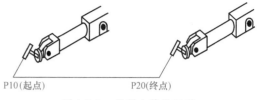

P10(起点)　　　　　　P20(终点)

图 1-3-2　机器人线性运动

线性运动即控制机器人 TCP 沿着指定的参考坐标系的坐标轴方向进行移动，在运动过程中工具的姿态不变，常用于空间范围内移动机器人 TCP 位置。线性运动需要指定坐标系，坐标系包括大地坐标系、基座标系、工具坐标系和工件坐标系。

线性运动的控制模式有操纵杆控制和增量模式控制两种：①使用操纵杆控制机器人运动时，通过位移幅度来控制机器人运动的速度；②使用"增量"模式控制机器人运动时，操纵杆每位移一次，机器人就移动一步。如果操纵杆持续一秒或数秒钟移动，机器人就会持续移动（速率为每秒十步）。

如果对使用操纵杆通过位移幅度来控制机器人运动的速度不熟练，可以通过使用"增量"模式来控制机器人的运动。增量模式有 4 个状态，分别为小、中、大和用户模块，每个状态都有对应的增量数值，见表 1-3-1。上述增量状态设置一次后，就可以在增量快捷键里快速切换设置的增量状态及无增量状态。

表 1-3-1　增量模式及增量数值

增量	移动距离/mm	角度/度
小	0.05	0.005
中	1	0.02
大	5	0.2
用户	自定义	自定义

3. 重定位运动

机器人的重定位运动是指机器人第六轴法兰盘上的工具 TCP 点在空间中绕着工具坐标系旋转的运动，也可理解为机器人绕着工具 TCP 点做姿态调整的运动，如图 1-3-3 所示。也就是说，重定位运动是指重新定位工具方向，使其与工件保持特定的角度，以便获得最佳效果。

一些特定情况下我们需要重新定位工具方向，以便获得最佳效果，例如在焊接、切割、铣削等方面的应用。当将工具中心点微调至特定位置后，在大多数情况下需要重新定位工具方向，定位完成后，将继续以线性动作进行微动控制，以完成路径和所需操作。

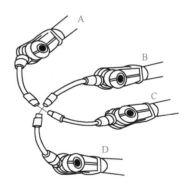

A

B

C

D

图 1-3-3　机器人重定位

重定位运动的控制模式同线性运动方式，也有操纵杆控制和增量模式控制两种。

三、转数计数器更新操作

转数计数器更新操作是指手动操作示教器使机器人各关节回到机械原点位置，又称为原点校准。机械原点在机器人本体上都有标注，不同机器人机械原点位置有所不同，应详细参照机器人随机说明书资料。实际生产中，在以下任何一种情况下，都需要对机器人机械原点的位置进行转数计数器更新操作：

1）更换伺服电动机转数计数器电池后。

2）当转数计数器发生故障，修复后。

3）转数计数器与测量板之间断开过以后。

4）断电后，机器人关节轴发生了位移。

5）当系统报警提示"10036 转数计数器未更新"时。

任务实施

一、机器人数据备份与恢复

1. 数据备份

机器人数据备份的操作步骤及说明见表 1-3-2。

表 1-3-2 机器人数据备份的操作步骤及说明（系统备份操作）

步骤	图　　示	说　　明
1		在主菜单界面下，单击"备份与恢复"
2		单击"备份当前系统…"

（续）

步骤	图　　示	说　　明
3	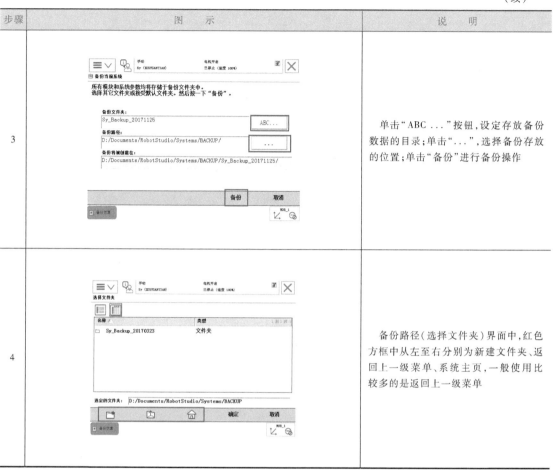	单击"ABC ..."按钮,设定存放备份数据的目录;单击"...",选择备份存放的位置;单击"备份"进行备份操作
4	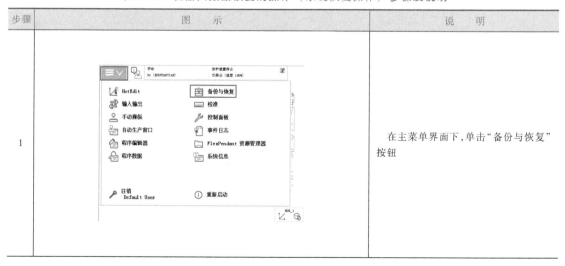	备份路径(选择文件夹)界面中,红色方框中从左至右分别为新建文件夹、返回上一级菜单、系统主页,一般使用比较多的是返回上一级菜单

2. 数据恢复

机器人数据恢复的操作步骤及说明见表 1-3-3。

表 1-3-3　机器人数据恢复的操作（系统恢复操作）步骤及说明

步骤	图　　示	说　　明
1		在主菜单界面下,单击"备份与恢复"按钮

（续）

步骤	图　示	说　明
2	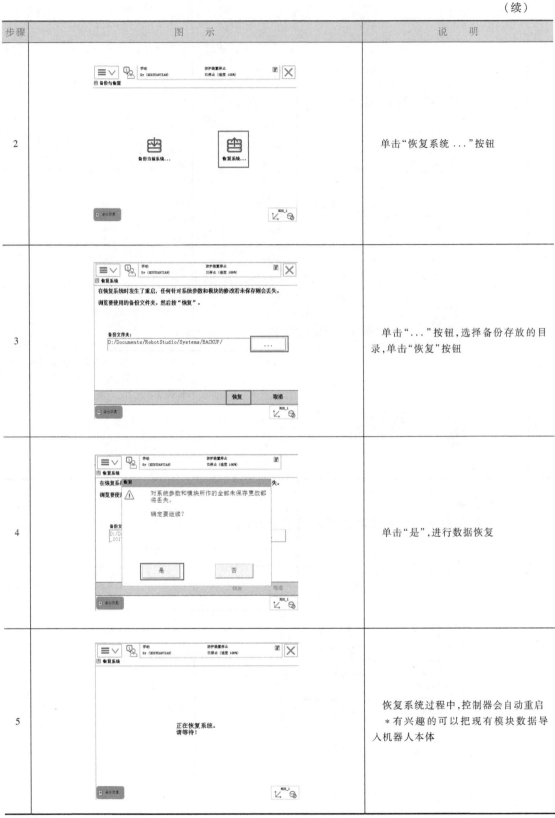	单击"恢复系统…"按钮
3		单击"…"按钮,选择备份存放的目录,单击"恢复"按钮
4		单击"是",进行数据恢复
5		恢复系统过程中,控制器会自动重启 ＊有兴趣的可以把现有模块数据导入机器人本体

3. 单独导入程序

单独导入程序模块的操作步骤及说明见表 1-3-4。

表 1-3-4　单独导入程序模块的操作步骤及说明

步骤	图　　示	说　　明
1	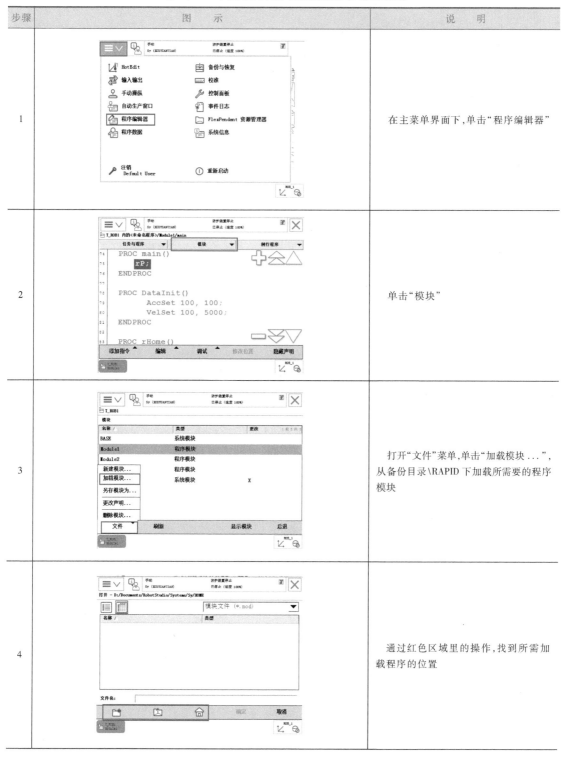	在主菜单界面下，单击"程序编辑器"
2		单击"模块"
3		打开"文件"菜单，单击"加载模块 ..."，从备份目录\RAPID 下加载所需要的程序模块
4		通过红色区域里的操作，找到所需加载程序的位置

（续）

步骤	图　示	说　明
5	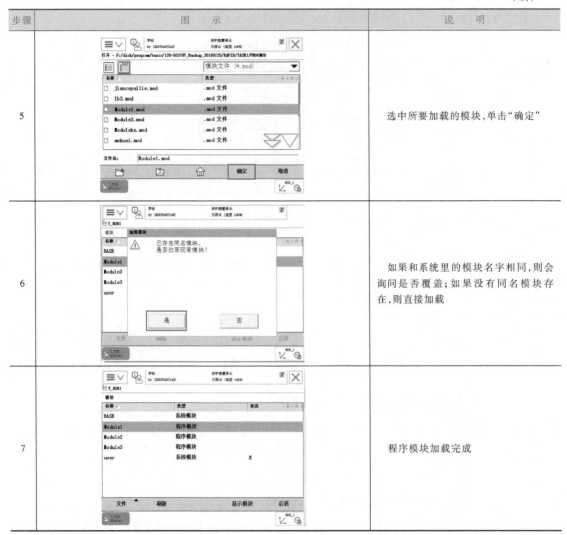	选中所要加载的模块,单击"确定"
6		如果和系统里的模块名字相同,则会询问是否覆盖;如果没有同名模块存在,则直接加载
7		程序模块加载完成

4. 单独导入 EIO 文件

单独导入 EIO 文件的操作步骤及说明见表 1-3-5。

表 1-3-5　单独导入 EIO 文件的操作步骤及说明

步骤	图　示	说　明
1	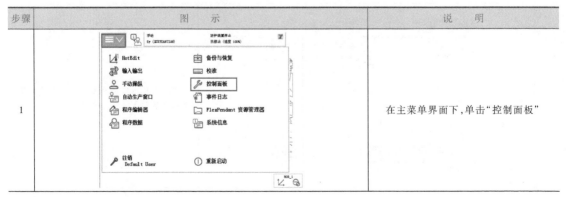	在主菜单界面下,单击"控制面板"

（续）

步骤	图　　示	说　　明
2		单击"配置"
3		打开"文件"菜单,单击"加载参数…"
4		选中"删除现有参数后加载",单击"加载…"
5		在备份目录\SYSPAR下找到 EIO.cfg 文件,然后单击"确定"

（续）

步骤	图　示	说　明
6	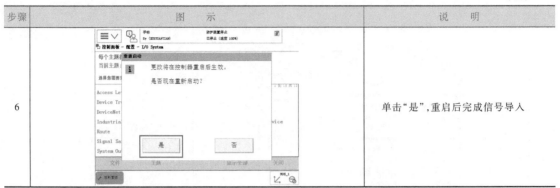	单击"是"，重启后完成信号导入

二、机器人的手动操纵

1. 关节运动的手动操纵

机器人关节运动的手动操纵步骤及说明见表 1-3-6。

表 1-3-6　机器人关节运动的手动操纵步骤及说明

步骤	图　示	说　明
1	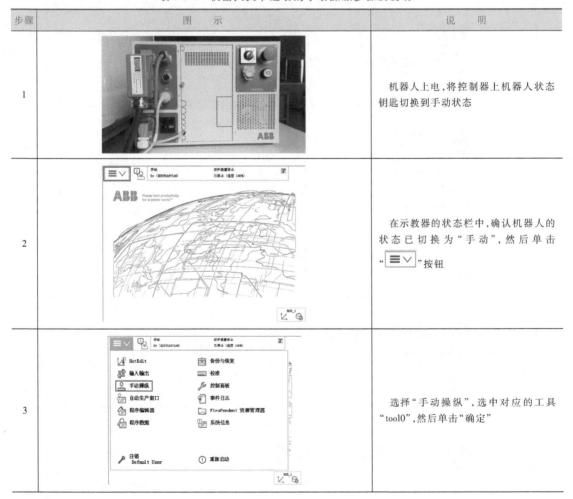	机器人上电，将控制器上机器人状态钥匙切换到手动状态
2		在示教器的状态栏中，确认机器人的状态已切换为"手动"，然后单击"▤ ▽"按钮
3		选择"手动操纵"，选中对应的工具"tool0"，然后单击"确定"

（续）

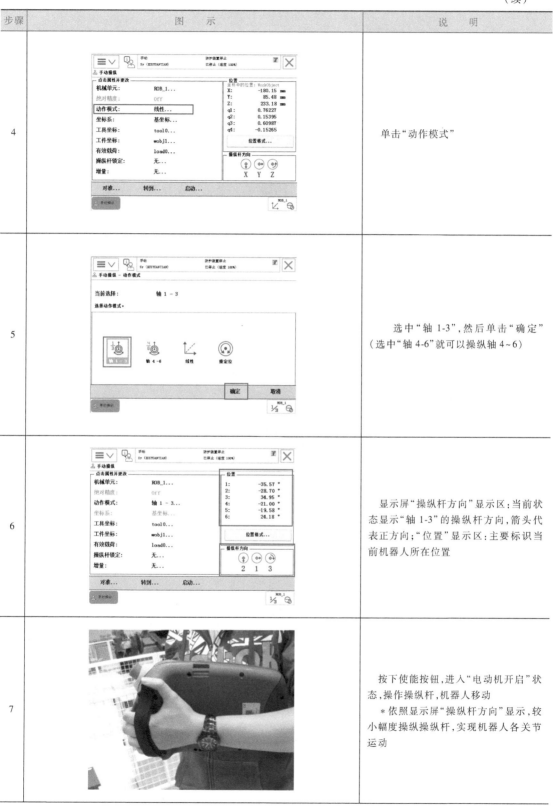

步骤	图 示	说 明
4		单击"动作模式"
5		选中"轴 1-3"，然后单击"确定"（选中"轴 4-6"就可以操纵轴 4~6）
6		显示屏"操纵杆方向"显示区：当前状态显示"轴 1-3"的操纵杆方向，箭头代表正方向；"位置"显示区：主要标识当前机器人所在位置
7		按下使能按钮，进入"电动机开启"状态，操作操纵杆，机器人移动 *依照显示屏"操纵杆方向"显示，较小幅度操纵操纵杆，实现机器人各关节运动

（续）

步骤	图　示	说　明
8	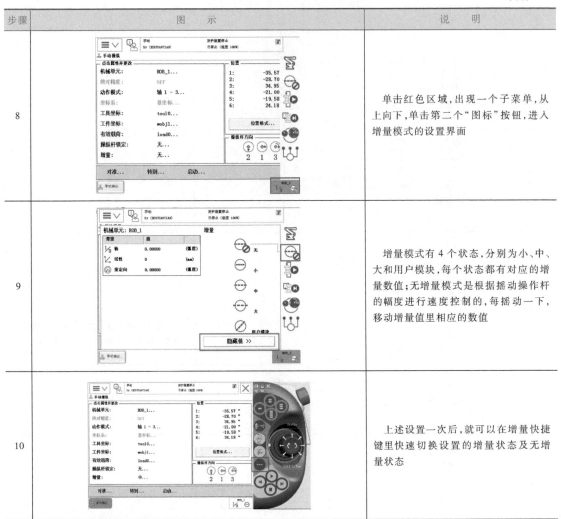	单击红色区域，出现一个子菜单，从上向下，单击第二个"图标"按钮，进入增量模式的设置界面
9		增量模式有4个状态，分别为小、中、大和用户模块，每个状态都有对应的增量数值；无增量模式是根据摇动操作杆的幅度进行速度控制的，每摇动一下，移动增量值里相应的数值
10	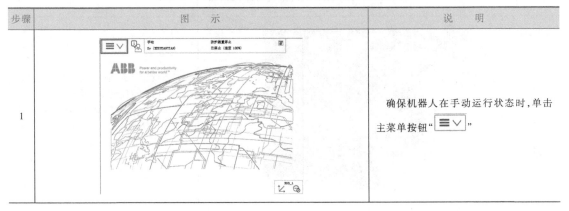	上述设置一次后，就可以在增量快捷键里快速切换设置的增量状态及无增量状态

2. 线性运动的手动操纵

机器人线性运动的手动操纵步骤及说明见表 1-3-7。

表 1-3-7　机器人线性运动的手动操纵步骤及说明

步骤	图　示	说　明
1		确保机器人在手动运行状态时，单击主菜单按钮" ≡∨ "

（续）

步骤	图　　示	说　　明
2	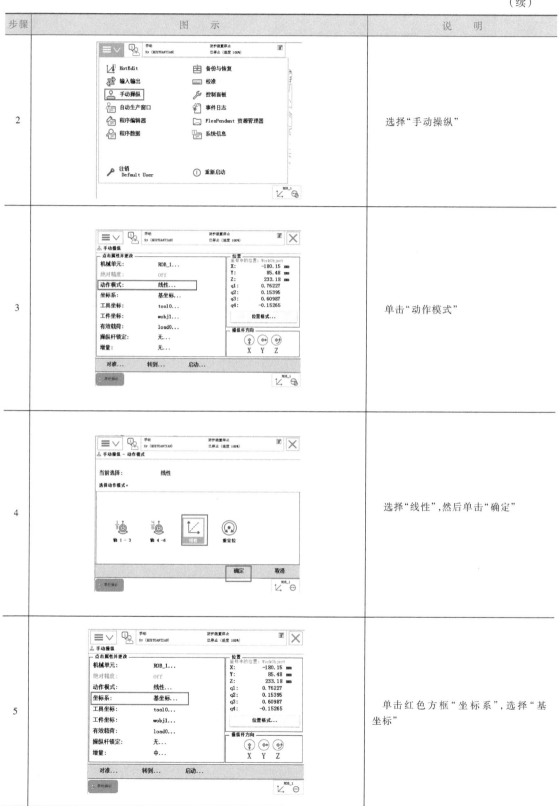	选择"手动操纵"
3		单击"动作模式"
4		选择"线性"，然后单击"确定"
5		单击红色方框"坐标系"，选择"基坐标"

（续）

步骤	图　示	说　明
6		选择好运行的坐标系后，单击"确定" ＊机器人的线性运动要在"工具坐标"中指定对应的工具
7		选中"工具坐标"，进行工具的选择
8		选择所需的工具坐标 ＊tool0 是默认坐标
9		单击"工件坐标"，进行工件坐标的选择

（续）

步骤	图　示	说　明
10	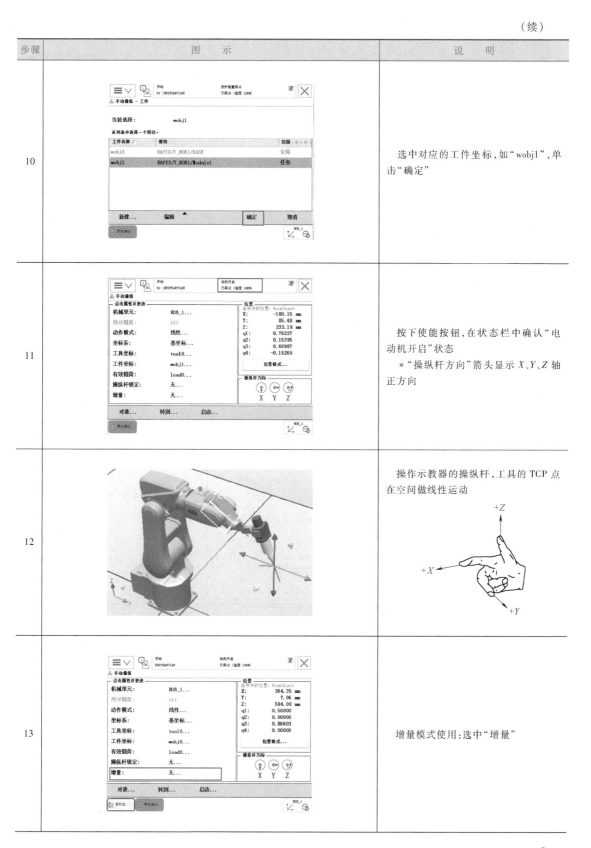	选中对应的工件坐标，如"wobj1"，单击"确定"
11		按下使能按钮，在状态栏中确认"电动机开启"状态 ＊"操纵杆方向"箭头显示 X、Y、Z 轴正方向
12		操作示教器的操纵杆，工具的 TCP 点在空间做线性运动 +Z +X +Y
13		增量模式使用：选中"增量"

（续）

步骤	图　示	说　明
14	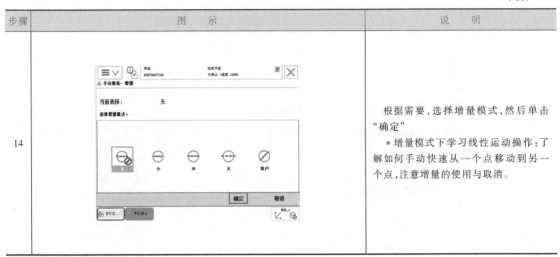	根据需要,选择增量模式,然后单击"确定" 　*增量模式下学习线性运动操作:了解如何手动快速从一个点移动到另一个点,注意增量的使用与取消。

3. 重定位运动的手动操纵

机器人重定位运动的手动操纵步骤及说明见表 1-3-8。

表 1-3-8　机器人重定位运动的手动操纵步骤及说明

步骤	图　示	说　明
1	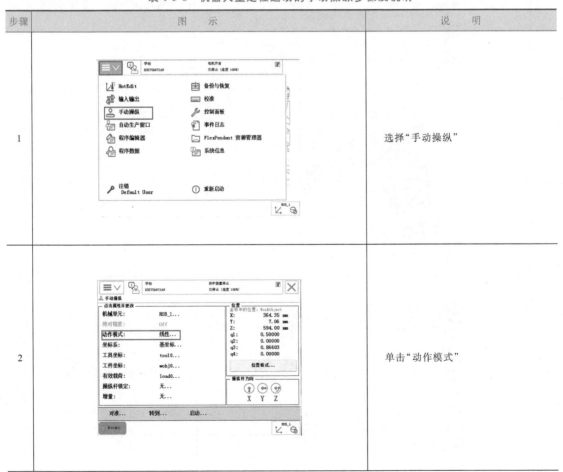	选择"手动操纵"
2		单击"动作模式"

（续）

步骤	图　　示	说　　明
3	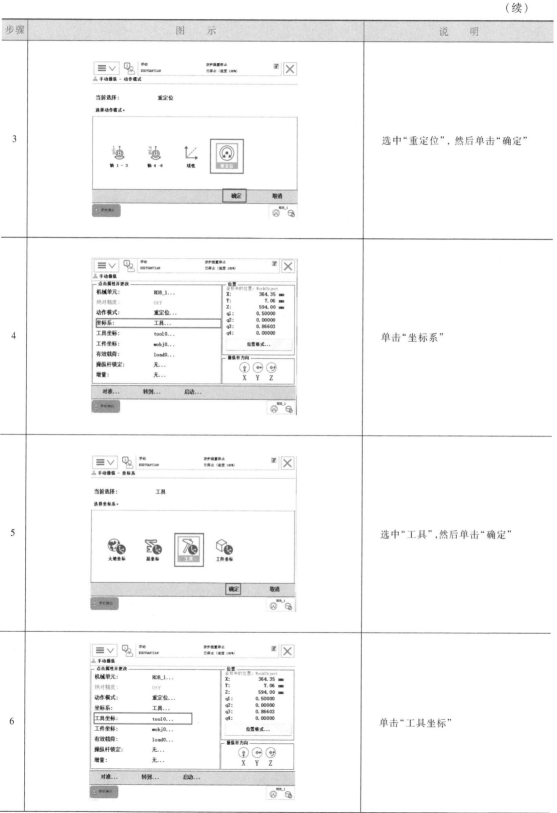	选中"重定位"，然后单击"确定"
4		单击"坐标系"
5		选中"工具"，然后单击"确定"
6		单击"工具坐标"

（续）

步骤	图　示	说　明
7	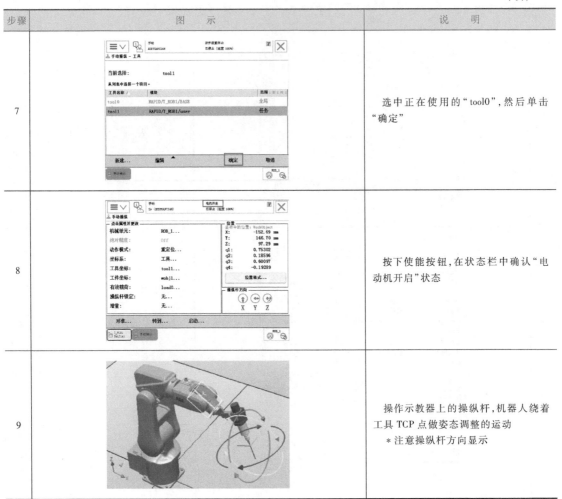	选中正在使用的"tool0"，然后单击"确定"
8		按下使能按钮，在状态栏中确认"电动机开启"状态
9		操作示教器上的操纵杆，机器人绕着工具 TCP 点做姿态调整的运动 ＊注意操纵杆方向显示

三、转数计数器更新操作（原点校准）（扫二维码观看视频）

工业机器人转数计数器更新操作的步骤及说明见表 1-3-9。

表 1-3-9　转速计数器更新操作步骤及说明

步骤	图　示	说　明
1	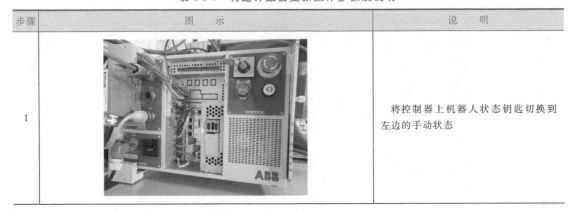	将控制器上机器人状态钥匙切换到左边的手动状态

（续）

步骤	图 示	说 明
2		在示教器的状态栏中,确认机器人的状态已切换为"手动",然后单击"≡∨"按钮
3		选择"手动操纵"
4		单击"动作模式"
5		选中"轴 4-6",然后单击"确定"

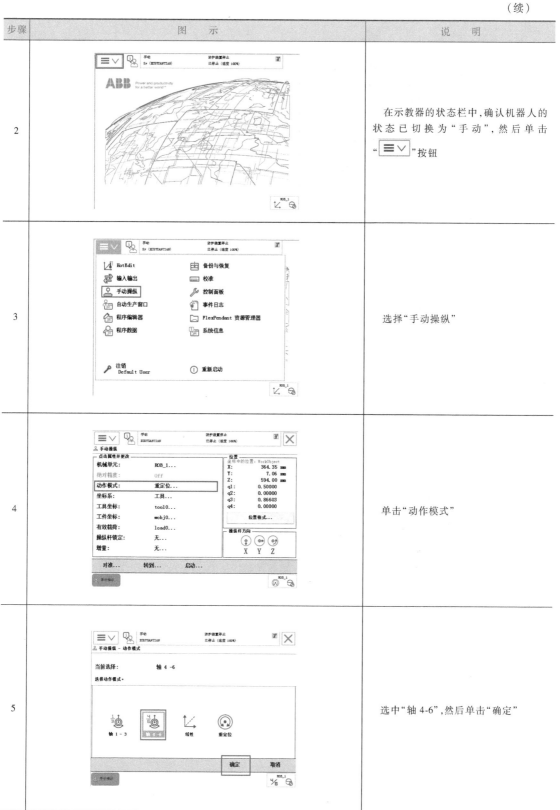

（续）

步骤	图　示	说　明
6	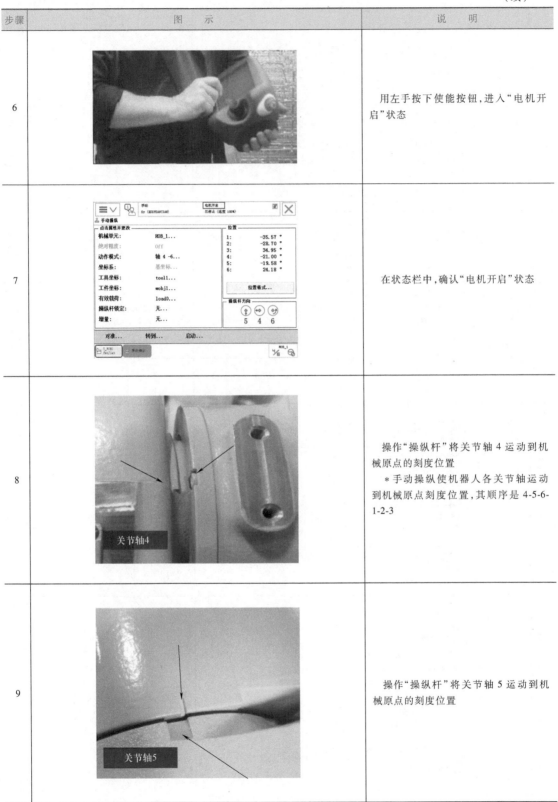	用左手按下使能按钮,进入"电机开启"状态
7		在状态栏中,确认"电机开启"状态
8		操作"操纵杆"将关节轴4运动到机械原点的刻度位置 *手动操纵使机器人各关节轴运动到机械原点刻度位置,其顺序是 4-5-6-1-2-3
9		操作"操纵杆"将关节轴5运动到机械原点的刻度位置

（续）

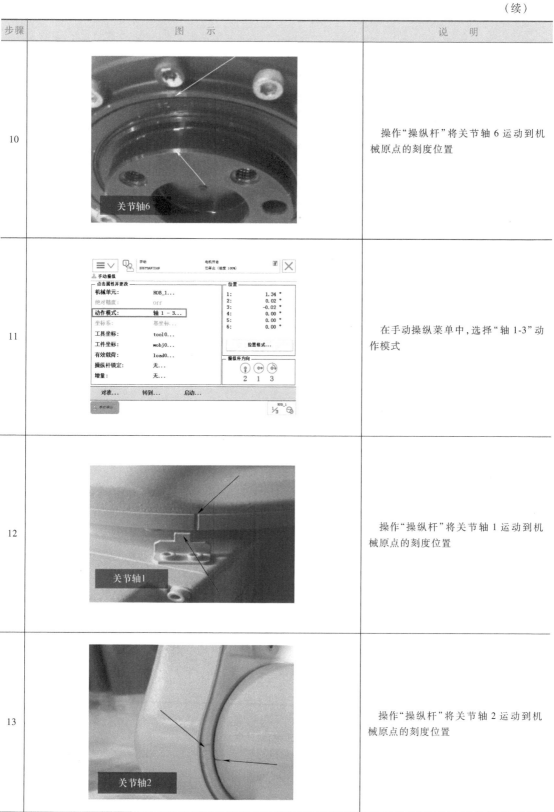

步骤	图　　示	说　　明
10		操作"操纵杆"将关节轴 6 运动到机械原点的刻度位置
11		在手动操纵菜单中，选择"轴 1-3"动作模式
12		操作"操纵杆"将关节轴 1 运动到机械原点的刻度位置
13		操作"操纵杆"将关节轴 2 运动到机械原点的刻度位置

（续）

步骤	图　示	说　明
14	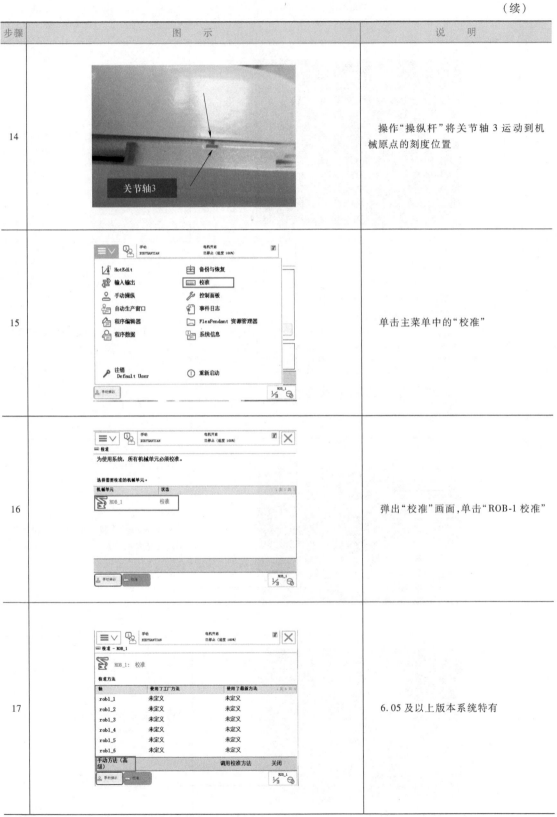	操作"操纵杆"将关节轴3运动到机械原点的刻度位置
15		单击主菜单中的"校准"
16		弹出"校准"画面，单击"ROB-1校准"
17		6.05及以上版本系统特有

（续）

步骤	图 示	说 明
18		选择"校准参数"，单击"编辑电机校准偏移"
19		系统提示是否更新转数计数器，单击"是"按钮，弹出校准参数修改画面
20		读取机器人本体上电机校准偏移数据，并记录
21		把刚读取的机器人本体上自带的原点数据输入对应偏移值，单击"确定"；若一致，则单击"取消"，跳到第23步

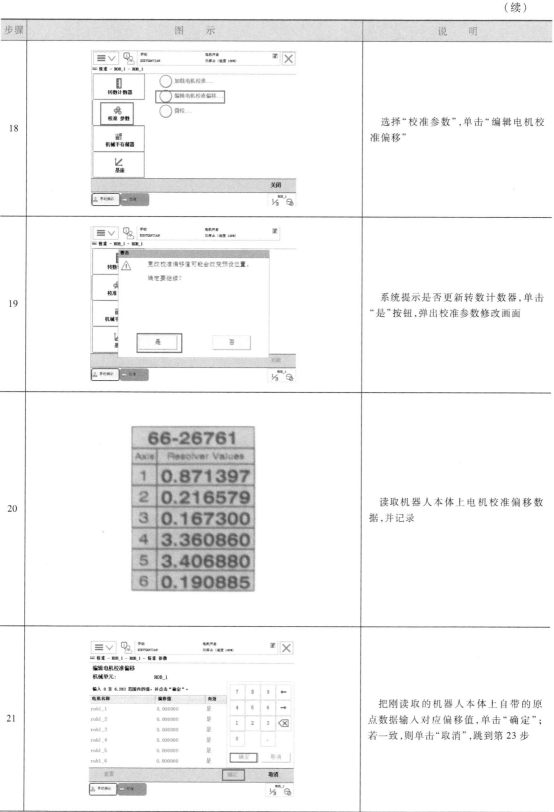

（续）

步骤	图　示	说　明
22		单击"是"，重启机器人控制器
23		重启后再次进入校准画面，单击"ROB-1"
24		6.05 及以上版本系统特有
25		选择"转数计数器"，单击"更新转数计数器"

（续）

步骤	图 示	说 明
26	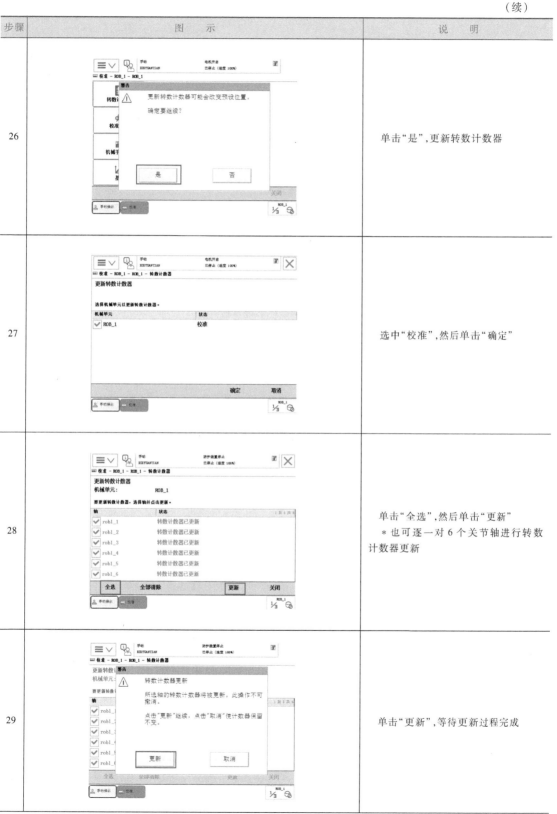	单击"是"，更新转数计数器
27		选中"校准"，然后单击"确定"
28		单击"全选"，然后单击"更新" ＊也可逐一对 6 个关节轴进行转数计数器更新
29		单击"更新"，等待更新过程完成

（续）

步骤	图　示	说　明
30	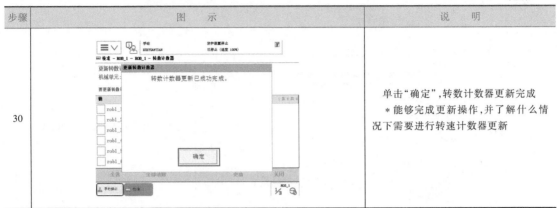	单击"确定"，转数计数器更新完成 ＊能够完成更新操作，并了解什么情况下需要进行转速计数器更新

任务评价

对任务实施的完成情况进行检查评价，并将结果填入表 1-3-10。

表 1-3-10　任务测评表

序号	主要内容	考核要求	评分标准	配分	扣分	得分
1	机器人数据备份与恢复	机器人数据备份与恢复操作规范，完成单独导入程序模块、EI/O 文件操作	1. 不能够完成机器人数据备份操作（系统备份操作）的，扣 5 分 2. 不能够完成机器人数据恢复操作（系统恢复操作）的，扣 5 分 3. 不能够完成单独导入程序模块操作的，扣 5 分 4. 不能够完成单独导入 EI/O 文件操作的，扣 5 分	20		
2	机器人手动操纵	机器人手动操纵内容完整、操作规范	1. 关节运动的手动操纵步骤有误，每次扣 5 分 2. 线性运动的手动操纵步骤有误，每次扣 5 分 3. 重定位运动的手动操纵步骤有误，每次扣 5 分 4. 不能够独立、规范完成机器人手动操纵操作的，扣 10 分	40		
3	转数计数器更新操作（原点校准）	转数计数器更新操作正确规范	1. 转数计数器更新操作步骤有误，扣 10 分 2. 6 个轴机械原点校准步骤有误，每次扣 5 分 3. 转数计数器更新操作不规范，每次扣 5 分	30		
4	安全文明生产	劳动保护用品穿戴整齐；遵守操作规程；讲文明礼貌；操作结束要清理现场	1. 操作中，违反安全文明生产考核要求的任何一项扣 5 分，扣完为止 2. 当发现学生有重大事故隐患时，要立即予以制止，并每次扣安全文明生产总分 5 分	10		
开始时间：			合计			
结束时间：		测评人签名：			测评结果	

任务四　机器人程序数据设定

学习目标

1. 能根据程序要求正确建立工业机器人的程序数据;
2. 能根据实际运行轨迹的需要对建立的机器人点位置进行修改;
3. 能正确设定 ABB 工业机器人 tooldata、wobjdata、loaddata 三大关键程序数据。

任务描述

本任务主要是熟悉常用数据的建立与修改,通过学习本任务,能掌握工具坐标的创建、工件坐标的创建、程序目标点的创建与示教。

知识准备

一、程序数据

程序数据是在程序模块中或系统中设定的值或定义的一些环境数据。创建的程序数据可由同一个模块或其他模块中的指令进行调用。如图 1-4-1 所示为一条常用的工业机器人关节运动指令 Movej 调用的 4 个程序数据（见表 1-4-1）。

图 1-4-1　机器人关节运动指令 Movej

表 1-4-1　指令 Movej 调用的程序数据

程序数据	数据类型	说　明
P1	robtarget	机器人运动目标位置数据
V200	speeddata	机器人运动速度数据
Z50	zonedata	机器人运动转弯数据
Tool0	tooldata	机器人工具数据 TCP

二、程序数据的类型分类

ABB 机器人的程序数据约有 100 多个,并且可以根据实际情况进行创建,为 ABB 机器人的程序设计带来了无限可能。

在示教器的"程序数据"窗口可查看和创建编程所需要的程序数据,如图 1-4-2 所示。在窗口中,单击选择所需要的程序数据可以进行查看与创建的相关操作。每个程序

图 1-4-2　程序数据窗口

数据都有不同的存储方式，下面介绍几个常用程序数据的存储类型。

1. 变量 VAR

变量型数据在程序执行的过程中和停止时，会保持当前的值。但是，如果程序指针被移到主程序后，数据会丢失。

在机器人执行的 RAPID 程序中也可以对变量存储类型程序数据进行赋值操作，如图 1-4-3 所示。其中，

VAR num width：＝0；//名称为 width 的数字数据

VAR bool finished：＝FALSE；//名称为 finished 的布尔量数据

VAR string name：＝" John"；　//名称为 name 的字符串数据

2. 可变量 PERS

可变量的特点是无论程序的指针如何，都会保持最后赋予的值。可变量 PERS 在程序编辑窗口中的显示如图 1-4-4 所示。其中，

PERS num nbr：＝0；//名称为 nbr 的数字数据。

PERS string text：＝" Hello"；//名称为 text 的字符串数据。

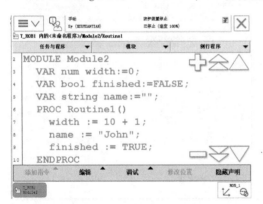

图 1-4-3　变量程序数据赋值操作

图 1-4-4　可变量 PERS 在程序编辑窗口中的显示

3. 常量 CONST

常量的特点是在定义时已赋予了数值，并不能在程序中修改，除非手动修改。常量 CONST 在程序编辑窗口中的显示如图 1-4-5 所示。其中，

CONST num gravity：＝9.81；//名称为 gravity 的数字数据。

CONST string greating：＝" hello"；//名称为 greating 的字符数据。

三、常用的程序数据

根据不同的数据用途，机器人定义了不同的程序数据。系统中还有针对一些特殊

图 1-4-5　常量 CONST 在程序编辑窗口中的显示

功能的程序数据,也可根据需要新建程序数据类型。ABB 工业机器人系统常用的程序数据见表 1-4-2。

表 1-4-2 ABB 工业机器人系统常用程序数据

程序数据	说　明	程序数据	说　明
bool	布尔量	pos	位置数据(只有 X、Y、Z)
byte	整数数据 0～255	pose	坐标转换
clock	计时数据	robjoint	机器人轴角度数据
Signaldi/do	数字输入/输出信号	robtarget	机器人与外轴位置数据
extjoint	外轴位置数据	speeddata	机器人与外轴速度数据
intnum	中断标志符	string	字符串
jointtarget	关节位置数据	tooldata	工具数据
loaddata	负荷数据	trapdata	中断数据
mecunit	机械装置数据	wobjdata	工件数据
num	数值数据	zonedata	TCP 转弯半径数据
orient	姿态数据		

四、程序数据的建立

在 ABB 工业机器人系统中,可以通过两种方式建立程序数据。一种是直接在示教器中的程序数据画面中建立程序数据,另一种是在建立程序指令时,同时自动生成对应的程序数据(详见程序指令)。

在进行正式的编程之前,需要构建必要的编程环境,其中有 3 个关键的程序数据(工具数据 tooldata、工件数据 wobjdata、有效载荷 loaddata)需要在编程前进行定义。

1. 工具数据 tooldata 的设定(扫二维码观看视频)

(1)工具数据

工具数据 tooldata 是用于描述安装在机器人第六轴上工具的 TCP（Tool Center Point,工具中心点)、质量、重心等参数数据。不同的机器

人系统一般应配置不同的工具,如弧焊机器人使用弧焊枪作为工具,而用于搬运板材的机器人就会使用吸盘式夹具作为工具。不同工具的 TCP 点也有所不同,如图 1-4-6 所示。

所有机器人在手腕处都有一个预定义工具坐标系,该坐标系被称为 toolo。这个默认的工具坐标系（tool0)的工具中心点 TCP 位于机器人安装法兰的中心,如图 1-4-7 所示。这样,在实际编程中就能将一个或多个新工具坐标系定义为 tool0 的偏移值。

执行程序时,机器人将 TCP 移至编程位置。如果要更改工具以及工具坐标系,机器人的移动将随之更改,以便新的 TCP 到达目标。

(2)TCP 的设定方法

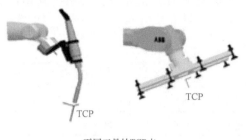

不同工具的TCP点

图 1-4-6　不同工具的 TCP 点

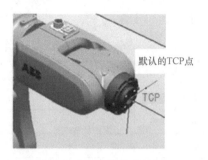

默认的TCP点

图 1-4-7　默认的 TCP 点

1）首先在机器人工作范围内找一个非常精确的固定点作为参考点。

2）然后在机器人已安装的工具上确定一个参考点（最好是工具的中心点）。

3）手动操纵机器人去移动工具上的参考点，以 4 种以上不同的机器人姿态尽可能与固定点刚好碰上。

4）为了获得更准确的 TCP，通常使用六点法进行操作。前 3 个点的姿态相差尽量大，以利于提高 TCP 的精度。第 4 点是用工具的参考点垂直于固定点，第 5 点是工具参考点从固定点向将要设定为 TCP 的 X 方向移动，第 6 点是工具参考点从固定点向将要设定为 TCP 的 Z 方向移动。

5）机器人通过对以上各点的位置数据计算得出 TCP 的数据，然后将 TCP 的数据保存在 tooldata 程序数据中被程序调用。

6）根据实际情况设定工具的质量和重心位置数据，使定义的 TCP 数据有效（基于 tool0 的偏移值数据）。

TCP 取点数量的区别：四点法，不改变 tool0 的坐标方向；5 点法，改变 tool0 的 Z 方向；六点法，改变 tool0 的 X 和 Z 坐标方向（在焊接方面最为常用）。在设置点 X、Z 时，参考点移开固定点的距离一般要求在 20~50mm 之间。

（3）TCP 单元的安装

为了便于 TCP 的设定，通常选择一个 TCP 定位单元，用固定螺钉将其安装在机器人工作平台上，如图 1-4-8 所示，用于在机器人工作范围内确定一个非常精确的固定点作为参考点（如绘图笔尖）。

选择轨迹描绘夹具（绘图笔夹具）用 4 个 M5 螺钉将其固定安装在机器人 J 6 轴的连接法兰上，如图 1-4-9 所示，用于在 TCP 设定中，便于在机器人 J 6 轴的工具上确定一个合适的参考点。

2. 工件数据 wobjdata 的设定

工件数据对应工件，它定义工件相对于大地坐标系（或其他坐标系）的位置。机器人可以拥有若干工件坐标系，或者表示不同工件，或者表示同一工件在不同位置的若干副本。

对机器人进行编程时就是在工件坐标系中创建目标和路径，如图 1-4-10 所示。其优点是：

图 1-4-8　TCP 定位单元安装

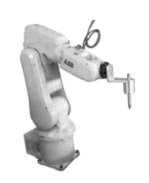

图 1-4-9　绘图笔夹具的安装

1）重新定位工作站中的工件时，只需更改工件坐标系的位置，所有路径将随之更新。

2）允许操作以外轴或传送导轨移动的工件，因为整个工件可连同其路径一起移动。

图 1-4-10 中，A 是机器人的大地坐标系。为了方便编程，为第一个工件建立了一个工件坐标 B，并在这个工件坐标 B 中进行轨迹编程。

如果台子上还有一个一样的工件需要走一样的轨迹，那你只需要建立一个工件坐标 C，将工件坐标 B 中的轨迹复制一份，然后将工件坐标从 B 更新为 C，则无需对一样的工件做重复的轨迹编程了。

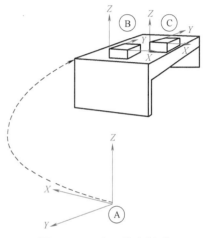

图 1-4-10　在工件坐标系中创建目标和路径

3. 有效载荷 loaddata 的设定

对应用于搬运的机器人，应该正确设定其夹具的质量、重心数据 tooldata 以及搬运对象的质量和重心数据 loaddata。其中，tooldata 数据是基于工业机器人法兰盘中心 tool0 来设定的。其有效载荷参数见表 1-4-3。

表 1-4-3　有效载荷参数

名　称	参　数	单　位
有效载荷质量	Load. mass	kg
有效载荷重心	Load. cog. x Load. cog. y Load. cog. z	mm
力矩轴方向	Load. aom. q1 Load. aom. q2 Load. aom. q3 Load. aom. q4	
有效载荷的转动惯量	Ix Iy Iz	$kg \cdot m^2$

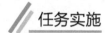

在工具数据 tooldata 和有效载荷 loaddata 数据设定中,需要用户自己测算工具的质量和重心,然后填写参数进行设置,这必然会产生一定的误差。通常可通过使用工具自动识别程序来解决这个问题。

工具自动识别程序 loadIdentify 是 ABB 开发的用于机器人自动识别安装在第六轴法兰盘上的工具数据(tooldata)、有效载荷(loaddata)的质量及重心。在手持工具应用中,可使用 loadIdentify 识别工具的质量和重心;在手持夹具应用中,可使用 loadIdentify 识别夹具和搬运对象的质量和重心。工具自动识别程序 loadIdentify 的设定可查阅相关资料。

任务实施

一、程序数据 robtarget 的建立与修改

1. 机器人点位置数据 robtarget 的建立(扫二维码观看视频)

直接在示教器中的程序数据画面中,建立机器人点位置程序数据的步骤与说明,见表 1-4-4。

表 1-4-4　机器人点位置数据 robtarget 的建立步骤与说明

步骤	图　示	说　明
1		在示教器主菜单中单击"程序数据"
2		单击"视图"选择"全部数据"

（续）

步骤	图　　示	说　　明
3		选中数据类型"robtarget"，单击"显示数据"
4		单击"新建…"，新建一个 robtarget 数据
5		单击"…"进行名称的设定，如 pa27；单击下拉菜单选择对应参数；然后单击"确定"
6		完成名称为"pa27"的点位置数据 robtarget 的创建

2. 机器人点位置数据 robtarget 的修改

机器人点位置数据 robtarget 修改的步骤与说明见表 1-4-5。

表 1-4-5　机器人点位置数据 robtarget 修改步骤与说明

步骤	图　示	说　明
1	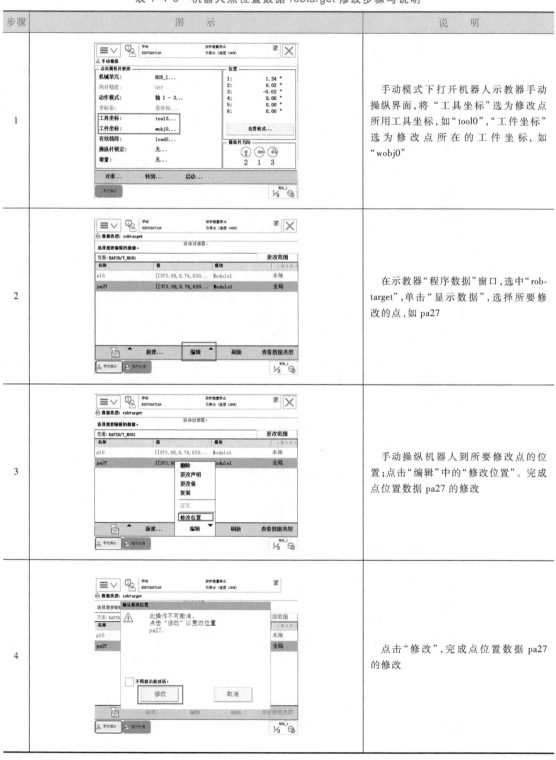	手动模式下打开机器人示教器手动操纵界面,将"工具坐标"选为修改点所用工具坐标,如"tool0","工件坐标"选为修改点所在的工件坐标,如"wobj0"
2		在示教器"程序数据"窗口,选中"robtarget",单击"显示数据",选择所要修改的点,如 pa27
3		手动操纵机器人到所要修改点的位置;点击"编辑"中的"修改位置"。完成点位置数据 pa27 的修改
4		点击"修改",完成点位置数据 pa27 的修改

二、三个关键程序数据的设定

（一）工具数据 tooldata 的设定

1. 轨迹描绘夹具的工具数据设定

轨迹描绘夹具的工具数据设定的步骤与说明见表 1-4-6。

表 1-4-6　轨迹描绘夹具的工具数据设定步骤与说明

步骤	图　片	说　明
1		轨迹描绘夹具(绘图笔)的质量是 0.5kg,重心在默认 Tool0 的 Z 正方向上偏移 60mm,TCP 点设定在夹具的最下端中心,从默认 Tool0 上的 Z 正方向上偏移 115mm
2		进入示教器"手动操纵"界面,选中"工具坐标"
3		选中"tool0",然后单击"新建…"

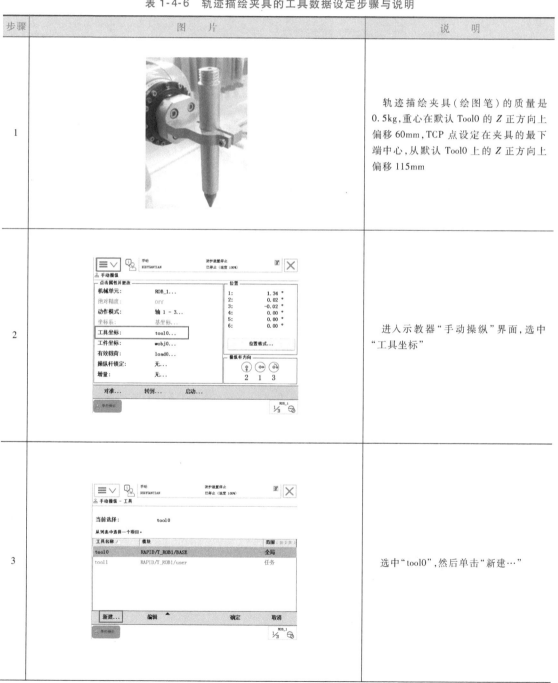

（续）

步骤	图　片	说　明
4	新数据声明 数据类型: tooldata　　当前任务: T_ROB1 名称: tool2 范围: 任务 存储类型: 可变量 任务: T_ROB1 模块: Module1 例行程序: 〈无〉 维数: 〈无〉 初始值　　　　确定　　取消	单击"…"进行名称设定;单击下拉菜单选择对应参数;然后单击"确定" ＊按要求对工具数据属性进行设定
5	手动操纵 - 工具 当前选择: tool1 从列表中选择一个项目: 工具名称　模块　　　　　　　范围 tool0　RAPID/T_ROB1/BASE　全局 tool1　RAPID/T_ROB1/Module1　任务 更改值… 更改声明… 复制 删除 定义… 新建…　编辑　　　　确定　　取消	选中"tool1",单击"编辑"中的"定义…"
6	程序数据 → tooldata → 定义 工具坐标定义 工具坐标: tool1 选择一种方法,修改位置后点击"确定"。 方法: TCP 和 Z,X　　点数: 4 　　　　TCP (默认方向) 　　　　TCP 和 Z 　　　　TCP 和 Z,X 点 点 1 点 2 点 3 位置　　　修改位置　确定　　取消	单击"方法:"下拉菜单,选中"TCP 和 Z,X",使用六点法设定 TCP(建立绘图笔 TCP)
7		选择合适的手动操作模式,按下使能键,操作操纵杆,使工具参考点靠上固定点(使绘图笔的尖端与 TCP 定位器的尖端相碰),作为第 1 个点

（续）

步骤	图　片	说　明
8	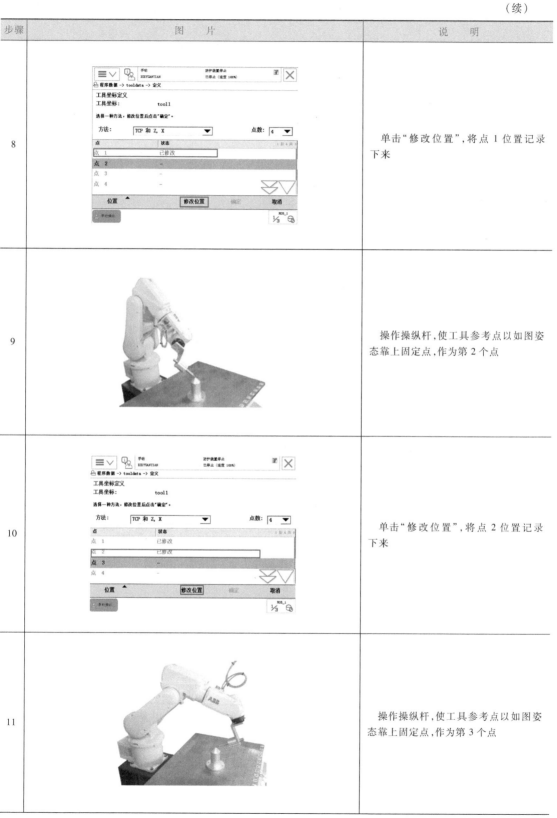	单击"修改位置"，将点 1 位置记录下来
9		操作操纵杆，使工具参考点以如图姿态靠上固定点，作为第 2 个点
10		单击"修改位置"，将点 2 位置记录下来
11		操作操纵杆，使工具参考点以如图姿态靠上固定点，作为第 3 个点

（续）

步骤	图　片	说　明
12	工具坐标定义 工具坐标：　　tool1 选择一种方法，修改位置后点击"确定"。 方法：　TCP 和 Z, X　　　点数：4 点　状态 点 1　已修改 点 2　已修改 点 3　已修改 点 4　- 位置　修改位置　确定　取消	单击"修改位置"，将点 3 位置记录下来
13		操作操纵杆，使工具参考点以如图姿态垂直靠上固定点，作为第 4 个点
14	工具坐标定义 工具坐标：　　tool1 选择一种方法，修改位置后点击"确定"。 方法：　TCP 和 Z, X　　　点数：4 点　状态 点 2　已修改 点 3　已修改 点 4　已修改 延伸器点 X　- 位置　修改位置　确定　取消	单击"修改位置"，将点 4 位置记录下来
15	+X	工具参考点以点 4 的姿态从固定点移动到工具 TCP 的 +X 方向

（续）

步骤	图 片	说 明
16	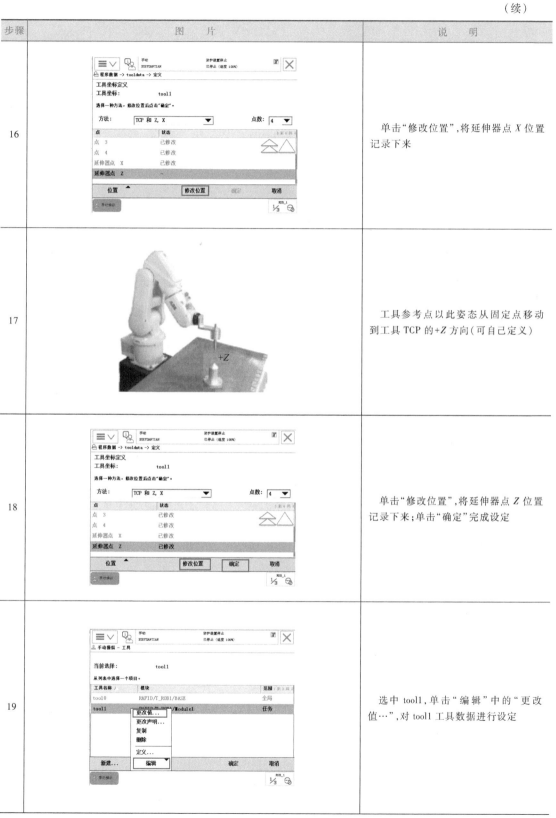	单击"修改位置",将延伸器点 X 位置记录下来
17		工具参考点以此姿态从固定点移动到工具 TCP 的+Z 方向(可自己定义)
18		单击"修改位置",将延伸器点 Z 位置记录下来;单击"确定"完成设定
19		选中 tool1,单击"编辑"中的"更改值…",对 tool1 工具数据进行设定

（续）

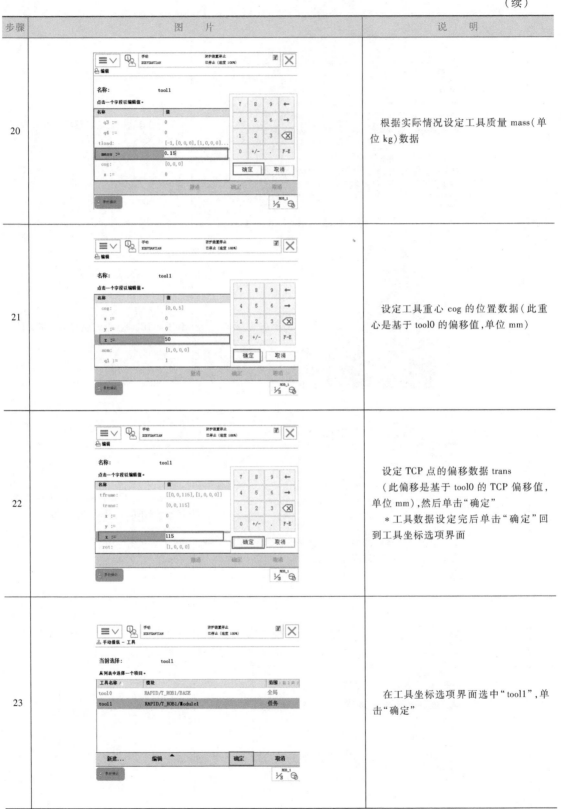

步骤	图　片	说　明
20		根据实际情况设定工具质量 mass（单位 kg）数据
21		设定工具重心 cog 的位置数据（此重心是基于 tool0 的偏移值，单位 mm）
22		设定 TCP 点的偏移数据 trans（此偏移是基于 tool0 的 TCP 偏移值，单位 mm），然后单击"确定" ＊工具数据设定完后单击"确定"回到工具坐标选项界面
23		在工具坐标选项界面选中"tool1"，单击"确定"

（续）

步骤	图　片	说　明
24	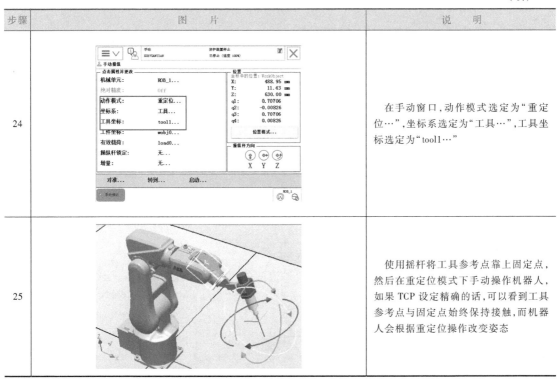	在手动窗口，动作模式选定为"重定位…"，坐标系选定为"工具…"，工具坐标选定为"tool1…"
25	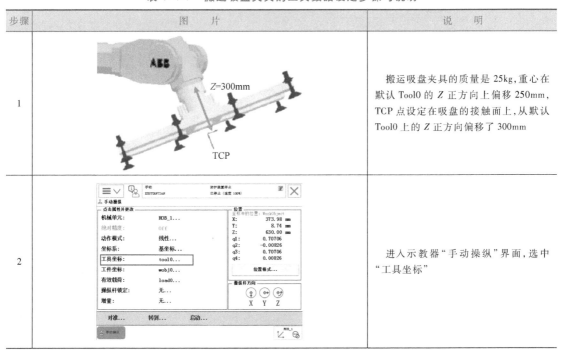	使用摇杆将工具参考点靠上固定点，然后在重定位模式下手动操作机器人，如果 TCP 设定精确的话，可以看到工具参考点与固定点始终保持接触，而机器人会根据重定位操作改变姿态

2. 搬运吸盘夹具的工具数据设定

搬运吸盘夹具的工具数据设定的步骤与说明见表 1-4-7。

表 1-4-7　搬运吸盘夹具的工具数据设定步骤与说明

步骤	图　片	说　明
1		搬运吸盘夹具的质量是 25kg，重心在默认 Tool0 的 Z 正方向上偏移 250mm，TCP 点设定在吸盘的接触面上，从默认 Tool0 上的 Z 正方向偏移了 300mm
2		进入示教器"手动操纵"界面，选中"工具坐标"

(续)

步骤	图 片	说 明
3	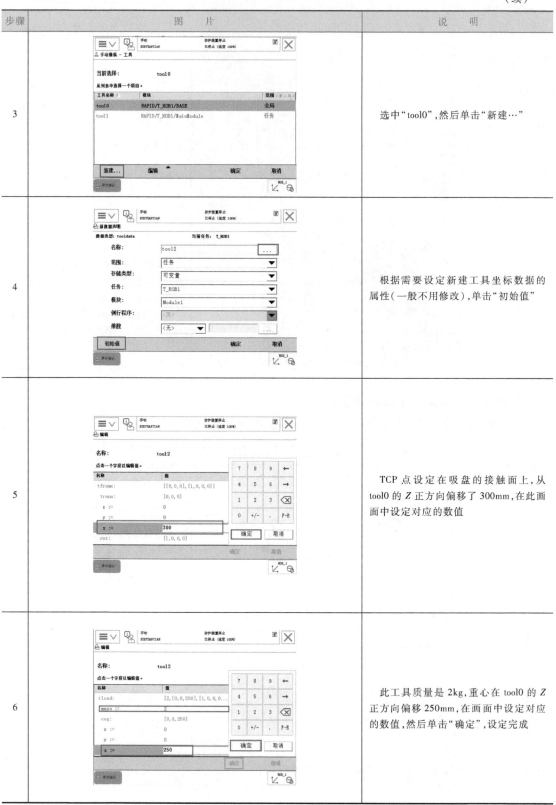	选中"tool0",然后单击"新建…"
4		根据需要设定新建工具坐标数据的属性(一般不用修改),单击"初始值"
5		TCP 点设定在吸盘的接触面上,从 tool0 的 Z 正方向偏移了 300mm,在此画面中设定对应的数值
6		此工具质量是 2kg,重心在 tool0 的 Z 正方向偏移 250mm,在画面中设定对应的数值,然后单击"确定",设定完成

（二）工件数据 wobjdata 的设定

工件数据 wobjdata 设定的步骤与说明见表 1-4-8。

表 1-4-8　工件数据 wobjdata 的设定步骤与说明

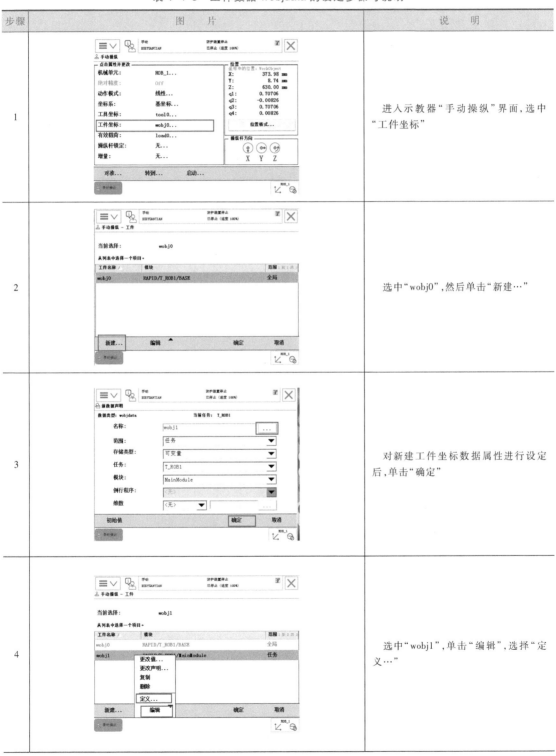

步骤	图　片	说　明
1		进入示教器"手动操纵"界面，选中"工件坐标"
2		选中"wobj0"，然后单击"新建…"
3		对新建工件坐标数据属性进行设定后，单击"确定"
4		选中"wobj1"，单击"编辑"，选择"定义…"

工业机器人应用基础

（续）

步骤	图　片	说　明
5	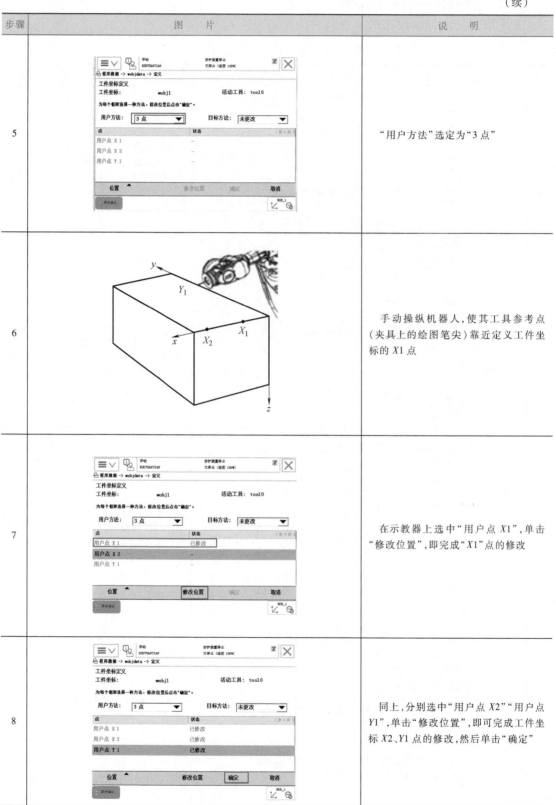	"用户方法"选定为"3 点"
6		手动操纵机器人,使其工具参考点（夹具上的绘图笔尖）靠近定义工件坐标的 $X1$ 点
7		在示教器上选中"用户点 $X1$",单击"修改位置",即完成"$X1$"点的修改
8		同上,分别选中"用户点 $X2$""用户点 $Y1$",单击"修改位置",即可完成工件坐标 $X2$、$Y1$ 点的修改,然后单击"确定"

（续）

步骤	图　片	说　明
9		对自动生成的工件坐标数据进行确认后，单击"确定"
10		选中 wobj1 后，单击"确定"，设定完成
11		设定手动操纵画面，使用线性动作模式，体验新建立的工件坐标 ＊坐标系选工件坐标

（三）有效载荷 loaddata 的设定——负荷数据

有效载荷 loaddata 设定的步骤与说明见表 1-4-9。

表 1-4-9　有效载荷 loaddata 的设定步骤与说明

步骤	图　片	说　明
1		在"手动操纵"界面选中"有效载荷"

（续）

步骤	图　片	说　明
2		单击"新建…"
3		单击"..."进行名称设定；单击下拉菜单选择对应参数，对有效载荷数据属性进行设定，然后单击"初始值"
4		根据实际情况对有效载荷的数据进行设定（需要设定负荷的质量和重心），参数设定完成后单击"确定"
5		在 RAPID 编程中，需要对有效载荷的情况进行适时的调整，如夹具的夹紧与松开

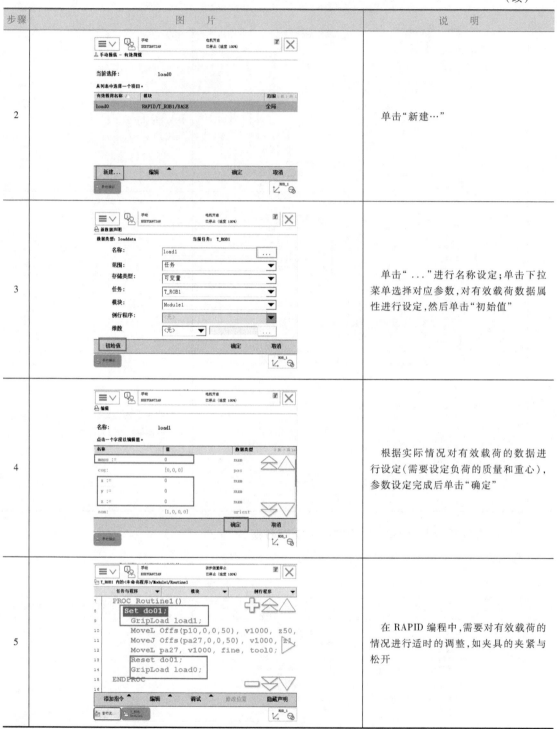

任务评价

对任务实施的完成情况进行检查评价，并将结果填入表 1-4-10。

表 1-4-10　任务测评表

序号	主要内容	考核要求	评分标准	配分	扣分	得分
1	点位置数据的建立与修改	能创建程序目标点的数据,并进行点位示教操作	1. 目标点创建方法不对,扣 5 分 2. 操作不熟练每次扣 2 分 3. 示教操作不正确,扣 5 分	10		
2	工具数据的设定及重定位操作	正确安装绘图笔夹具,创建一个完整的绘图笔工具数据(六点法设定 TCP)	1. 绘图笔夹具安装不牢固、方向不正确,每处扣 5 分 2. 不会安装,扣 5 分 3. 创建方法不正确,扣 5 分 4. 六点法操作不熟练,每次扣 5 分 5. 平均误差大于 0.3mm,扣 5 分	25		
		正确调试绘图笔 TCP	1. 不能使用重定位功能实现绘图笔绕着 TCP 点改变姿态,扣 10 分 2. 调试绘图笔 TCP 方法有遗漏或错误,每处扣 5 分	15		
4	工件数据的设定	在指定工作台上创建一个完整的工件坐标系	1. 创建工件坐标系(3 点法),方法不正确,扣 5 分 2. 点位示教不准确,每次扣 2 分 3. 坐标轴方向不明确,扣 5 分	15		
		选定创建的工件坐标系,做线性运动	1. 不会在手动页面选择工件坐标系,扣 5 分 2. 不会选用创建好的坐标系做线性运动的,扣 5 分	10		
5	负荷数据的设定	理解负荷数据的意义;能按照要求创建所需的负荷数据	1. 创建数据方法不正确,扣 5 分,数据不完整,每项扣 5 分 2. 能创建数据但不符合要求的,扣 5 分; 3. 不知如何运用数据,扣 10 分	15		
6	安全文明生产	劳动保护用品穿戴整齐;遵守操作规程;讲文明礼貌;操作结束要清理现场	1. 操作中,违反安全文明生产考核要求的任何一项扣 5 分,扣完为止 2. 当发现学生有重大事故隐患时,要立即予以制止,并每次扣安全文明生产总分 5 分	10		
开始时间:			合　计			
结束时间:		测评人签名:		测评结果		

任务五　机器人程序编写与调试

学习目标

1. 了解机器人的程序结构,能够创建机器人的基本程序;

2. 能够调试、修改机器人的现有程序;

3. 掌握工业机器人程序的调试步骤;

4. 能够使用常用的运动指令编写程序并调试。

任务描述

通过讲解介绍与查阅相关资料，熟悉 RAPID 程序的基本框架结构，了解掌握创建机器人的基本程序的步骤与方法，能进行现有程序的修改、调用及调试，为后续的学习打下基础。

知识准备

一、程序

程序是为了使工业机器人完成某种任务而设置的动作顺序描述，是机器人指令集合。在示教操作中，产生的示教数据和机器人指令都将保存在程序中。

程序的基本信息包括程序名、程序注释、程序指令和程序结束标志，见表 1-5-1。

表 1-5-1　程序基本信息及功能

序号	程序基本信息	功　能
1	程序名	用以识别存入控制器内存中的程序，在同一目录下不能出现相同程序名的程序。程序名不超过 8 个字符，由字母、数字、下画线等组成
2	程序注释	程序注释用来描述程序或指令的功能或作用，便于阅读理解程序。最长 16 个字符，由字母、数字及符号(如@、※)组成。新建程序时可在程序选择之后修改程序注释
3	程序指令	包括运动指令、逻辑功能指令、寄存器指令等示教中所涉及的所有指令
4	程序结束标志	程序结束标志(END)自动显示在程序的最后一条指令的下一行。只要有新的指令添加到程序中，程序结束标志就会在屏幕上向下移动。当系统执行到程序结束标志时，就会自动返回到程序的第一行并终止

二、程序结构

ABB 机器人的应用程序就是使用 RAPID 语言特定的词汇和语法编写而成的。在机器人编程中，RAPID 程序是由程序模块与系统模块组成。程序模块用于构建机器人的程序，系统模块用于系统方面的控制。

每一个程序模块包含程序数据、例行程序、中断程序和功能 4 种对象，程序模块之间的数据、例行程序、中断程序和功能是可以相互调用的。

在 RAPID 程序中，有且仅有一个主程序 MAIN，它可在任意一个程序模块中，作为整个 RAPID 程序自动运行的起点。RAPID 程序的基本构架见表 1-5-2。

三、RAPID 程序的指令类型

机器人的动作轨迹是一个个例行程序运行结果的展示，要使机器人完成规定轨迹的动作流程，需要在程序模块中创建相应的例行程序。

RAPID 程序指令主要分为基本运动指令、逻辑功能指令、功能函数指令及一些复合指令四大类；逻辑功能指令又包含赋值指令、条件判断指令、循环判断指令等；功能函数指令包含取绝对值指令、偏移指令等。

表 1-5-2　RAPID 程序的基本构架

RAPID 程序				
程序模块				系统模块
程序模块 1	程序模块 2	程序模块 3	程序模块 N	系统模块
程序数据	程序数据	程序数据	程序数据	程序数据
主程序 main	例行程序	例行程序	例行程序	例行程序
例行程序	中断程序	中断程序	中断程序	中断程序
中断程序	功能	功能	功能	功能
功能				

1. 基本运动指令

（1）关节运动指令 MoveJ

关节运动是在机器人对运动路径的精度要求不高，运动空间范围相对较大，不易发生碰撞的情况下，机器人的工具中心点 TCP 从一个位置移动到另一个位置的运动。两个位置之间的路径虽然不可预测，但可以避免机器人在运动过程中出现关节轴进入机械死点的问题。

例如：MoveJ　P20，V100，z10，Tool0；其关节运动轨迹（P10 为起点）如图 1-5-1 所示。

图 1-5-1　关节运动轨迹

（2）线性运动指令 MoveL

线性运动是机器人的 TCP 点从起点到终点之间的路径始终保持直线，适用于路径要求高的场合。在切割、涂胶等典型应用中，机器人的运动轨迹是相对固定的直线轨迹，工作范围内的运动空间有限，运动路径精度要求高。

例如：MoveL　P20，V100，z10，Tool0；

其线性运动轨迹（P10 为起点）如图 1-5-2 所示。

（3）圆弧运动指令 MoveC

圆弧路径是在机器人可到达的空间范围内定义 3 个位置点，第一个点是圆弧的起点，第二个点是圆弧的过渡点（用于确定圆弧的曲率），第三个点是圆弧的终点。

例如：MoveJ P10，v1000，fine，tool0；

　　　 MoveC P20，P30，v1000，z10，tool0；

其圆弧运动轨迹如图 1-5-3 所示。

2. 逻辑功能指令

（1）赋值指令

"：＝"赋值指令用于对程序数据的赋值。赋值可以是一个常量或者数学表达式。

例如：reg 1：＝8；//常量赋值

reg 2：＝reg1−5；//数学表达式赋值

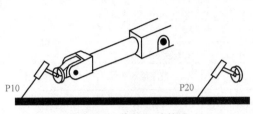

图 1-5-2 线性运动轨迹

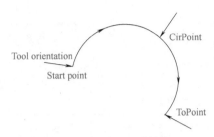

图 1-5-3 圆弧运动轨迹

（2）IF 条件判断指令（扫二维码观看视频）

1）Compact IF 紧凑型条件判断指令，适用于当一个条件满足后，就执行一句指令。

例如：Compact IF flag 1 = TRUE set do1；//如果 flag 1 的状态为 TRUE，则 do1 被置位

2）IF 条件判断指令。根据不同的条件，去执行不同的指令。条件判定的条件数量可以根据实际情况进行增加或减少。如图 1-5-4 所示为 IF 语句添加判断条件的界面，在这里可以添加、删除判断条件或进行子条件嵌套。

图 1-5-4 IF 语句添加判断条件的界面

例如：IF num 1 = A THEN

flag 1：= FALSE；　　　　　　//如果 num 1 为 A，则 flag 1 会赋值为 FALSE

ELSEIF num 1 = B THEN

flag 1：= TRUE；//如果 num 1 为 B，则 flag 1 会赋值为 TRUE

ELSE

set do1；//除了以上两种条件外，则执行 do1 置位为 1

ENDIF

（3）FOR 循环判断指令

FOR 循环判断指令，适用于一个或者多个指令需要重复执行数次的情况。

例如：FOR i FROM 1 TO 6 DO

Routine 1；　　　　　　　　//例行程序 Routine 1 重复执行 6 次

ENDFOR

（4）WHILE 条件判断指令

WHILE 条件判断指令，适用于在给定条件满足的情况下，一直重复执行对应的指令。

例如：WHILE num1 ≥num2 DO

num1：＝num1+1；//当 num1 ≥num2 条件满足时，就一直执行 num1：＝num1+1 操作

ENDWHILE

3. 功能函数指令

ABB 机器人的 RAPID 编程中的"功能（FUNCTI ON）"类似于指令并且执行以后可以返回一个数值。使用"功能"可以有效地提高编程效率和程序执行的效率。

任务实施

一、建立程序模块与例行程序

用机器人示教器进行程序模块和例行程序创建的步骤与说明见表 1-5-3。

表 1-5-3　RAPID 程序模块和例行程序的创建步骤与说明

步骤	图　示	说　明
1		在示教器主菜单中单击"程序编辑器"
2		进入程序编辑器后，显示上次系统已经加载的例行程序信息。单击"模块"，显示当前系统已存在的模块信息（含 ABB 机器人自带的两个系统模块，BASE 模块与 user 模块）

（续）

步骤	图 示	说 明
3		单击"文件"下拉菜单,选中"新建模块…"
4		单击"是",添加新模块
5		单击"ABC…"更改模块名称(或使用默认名称 Module4),然后单击"确定",完成程序模块创建
6		选中模块 Module4,然后单击"显示模块"

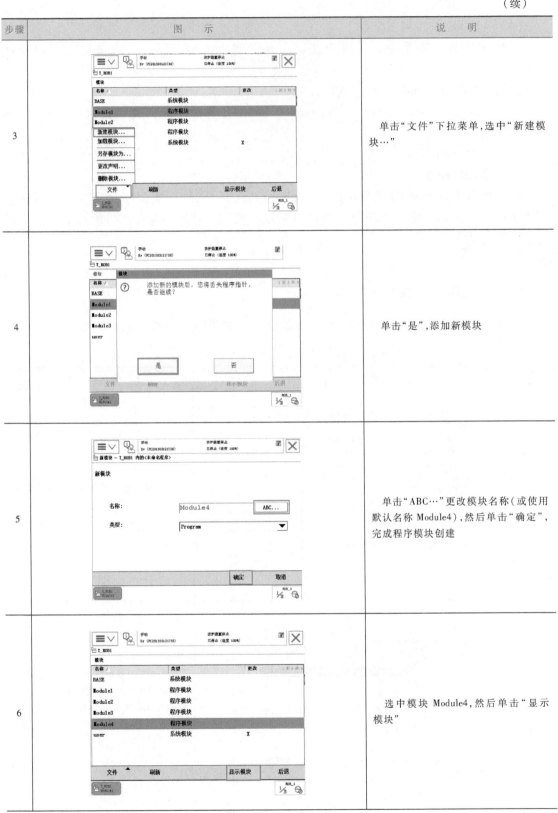

（续）

步骤	图　　示	说　　明
7	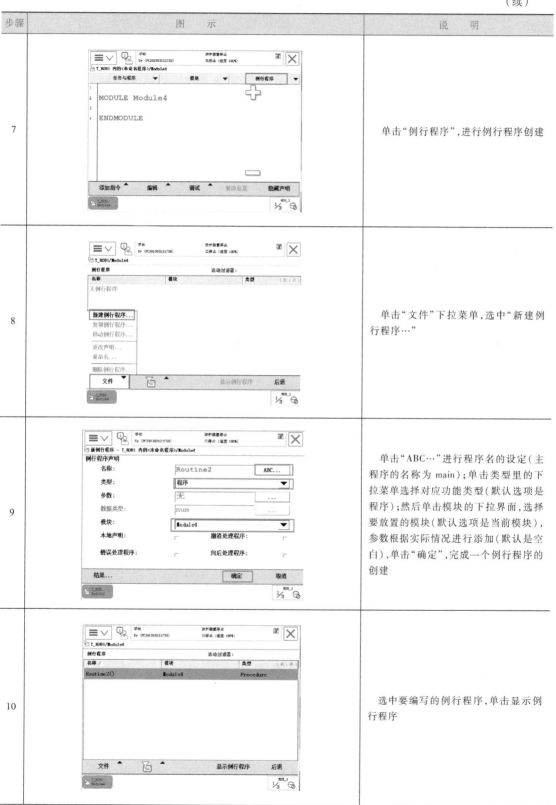	单击"例行程序",进行例行程序创建
8		单击"文件"下拉菜单,选中"新建例行程序…"
9		单击"ABC…"进行程序名的设定(主程序的名称为 main);单击类型里的下拉菜单选择对应功能类型(默认选项是程序);然后单击模块的下拉界面,选择要放置的模块(默认选项是当前模块),参数根据实际情况进行添加(默认是空白),单击"确定",完成一个例行程序的创建
10		选中要编写的例行程序,单击显示例行程序

（续）

步骤	图　　示	说　　明
11		单击"添加指令"，在窗口右边出现常用指令，单击<SMT>，在窗口右边选择需要的指令进行添加
12		单击隐藏声明，只显示要编辑的程序，其他的信息将被隐藏，如果需要观看整个模块里的整体信息，则单击"显示声明"
13		图上标注的"➕"为放大示教器里面的字体，"➖"为缩小字体；"⟳"为上翻一页，"△"为上翻一行；"⟱"为下翻一页，"▽"为下翻一行

二、功能指令的用法

以取绝对值函数功能指令 Abs( ) 和机器人位置偏移功能指令 OFFS( ) 为例，说明功能指令的使用方法，见表 1-5-4。

表 1-5-4 功能指令的使用方法

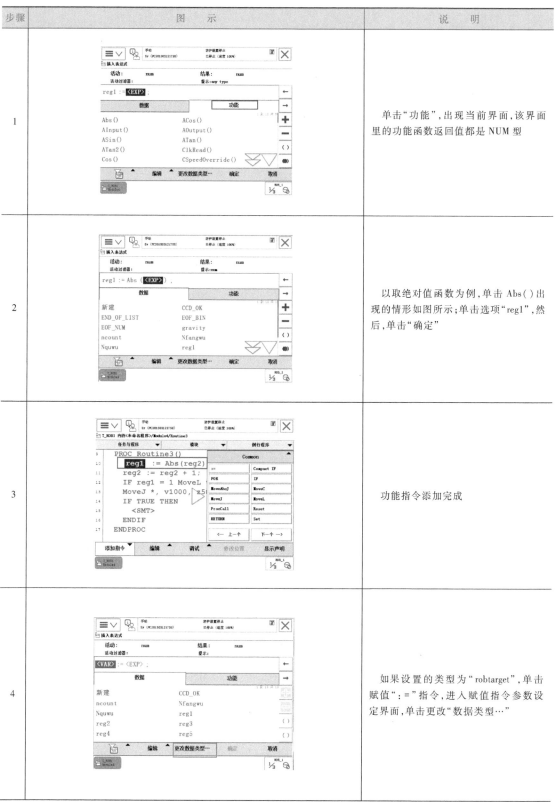

步骤	图 示	说 明
1		单击"功能",出现当前界面,该界面里的功能函数返回值都是 NUM 型
2		以取绝对值函数为例,单击 Abs()出现的情形如图所示;单击选项"reg1",然后,单击"确定"
3		功能指令添加完成
4		如果设置的类型为"robtarget",单击赋值":="指令,进入赋值指令参数设定界面,单击更改"数据类型…"

工业机器人应用基础

（续）

步骤	图　示	说　明
5		选中"robtarget"，单击"确定"
6		新建变量 p1
7		单击"确定"
8		选中"功能"

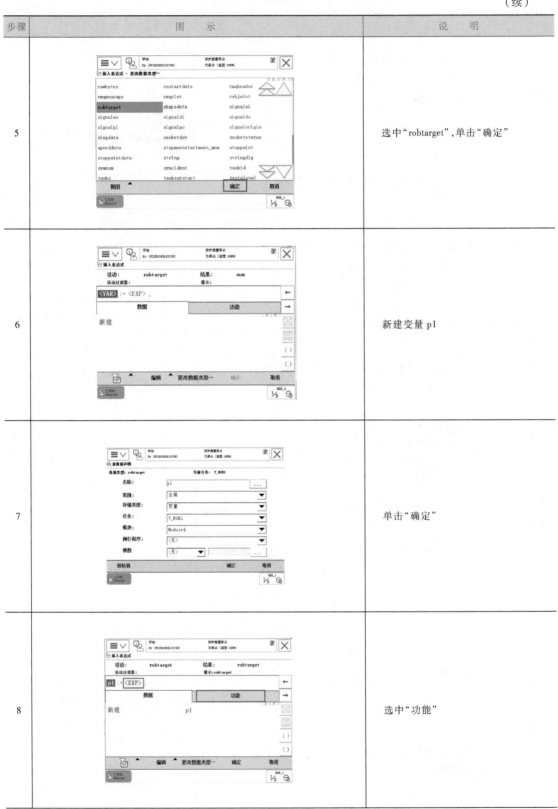

（续）

步骤	图　示	说　明
9	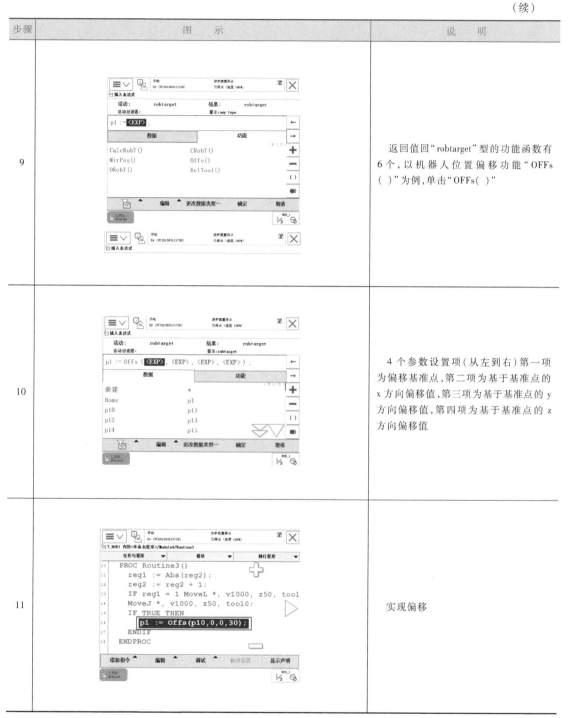	返回值回"robtarget"型的功能函数有6个，以机器人位置偏移功能"OFFs（　）"为例，单击"OFFs（　）"
10		4个参数设置项（从左到右）第一项为偏移基准点，第二项为基于基准点的x方向偏移值，第三项为基于基准点的y方向偏移值，第四项为基于基准点的z方向偏移值
11		实现偏移

三、赋值指令的使用（扫二维码观看视频）

程序编写过程中可能需要用到赋值指令，赋值指令的使用方法见表1-5-5。

表1-5-5 赋值指令的使用方法

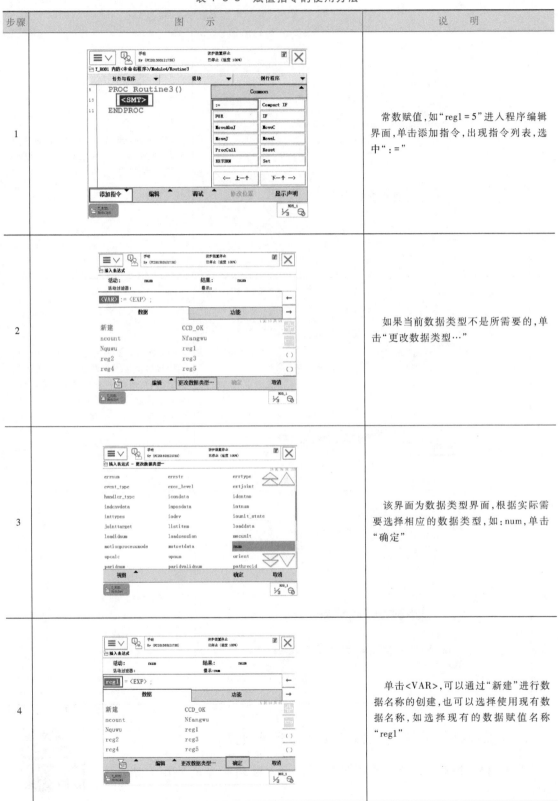

步骤	图　示	说　明
1		常数赋值,如"reg1＝5"进入程序编辑界面,单击添加指令,出现指令列表,选中":＝"
2		如果当前数据类型不是所需要的,单击"更改数据类型…"
3		该界面为数据类型界面,根据实际需要选择相应的数据类型,如:num,单击"确定"
4		单击<VAR>,可以通过"新建"进行数据名称的创建,也可以选择使用现有数据名称,如选择现有的数据赋值名称"reg1"

（续）

步骤	图　示	说　明
5		常数赋值的方法：选中＜EXP＞，单击"编辑"，"仅限选定内容"，进入编辑界面
6		根据实际需要，输入内容，如：5，单击"确定"
7		完成常数赋值
8		表达式赋值方式：如 reg2：＝reg2＋1 选中"＜EXP＞"，再单击"＋"按钮，添加另一个表达式＜EXP＞

（续）

步骤	图　示	说　明
9	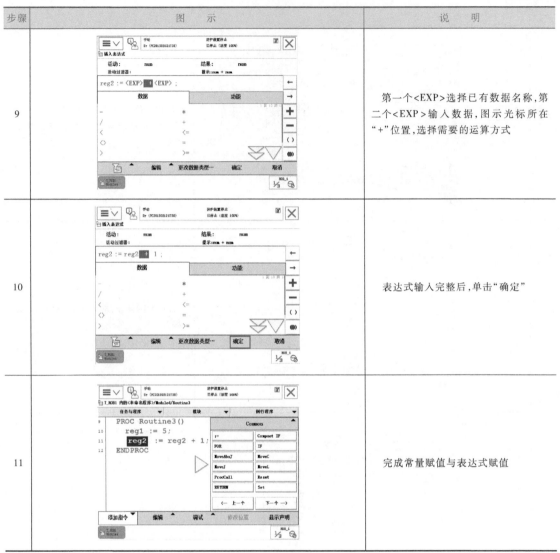	第一个\<EXP>选择已有数据名称，第二个\<EXP>输入数据，图示光标所在"+"位置，选择需要的运算方式
10		表达式输入完整后，单击"确定"
11		完成常量赋值与表达式赋值

四、建立一个基本的 RAPID 程序

熟悉了各个指令的用法，可以根据实际要求编写程序使机器人运动，可以参照下面的程序示例，创建一个完整的程序，完成机器人简单的移动，也可以自行设计，并对程序目标点进行示教及调试。

```
PROC YIDONG （）
    MoveJ Phome, v200, z5, too10;
    MoveJ P1, v200, fine, too10;
    MoveL P2, v200, fine, too10;
    MoveL P3, v200, fine, too10;
    MoveL P4, v200, fine, too10;
```

MoveL P1，v200，fine，too10;

　　MoveJ Phome，v200，z5，too10;

ENDPROC

编写完程序，就可以对程序进行手动调试，一般先对程序进行单步调试，然后连续运行程序，手动调试程序没有任何问题后，方可进行自动运行的设定，在保证安全的条件下可自动运行程序。

五、程序的手动调试及自动运行

程序手动调试及自动运行步骤及说明见表 1-5-6。

表 1-5-6　程序的手动调试及自动运行步骤与说明

步骤	图　　示	说　　明
1		在示教器主菜单中单击"程序编辑器"
2		单击"调试"，出现调试界面；在调试界面中单击"PP 移至例行程序…"
3		该界面显示所有能直接运行的例行程序名称及其所在的模块位置，选择要调试的程序名称，单击"确定"

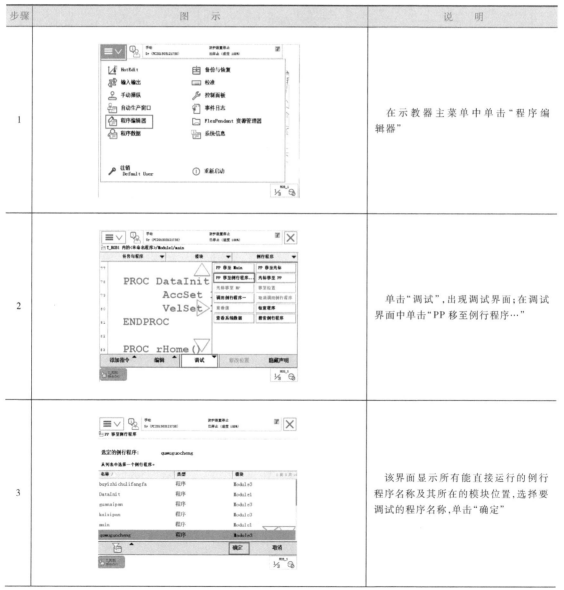

（续）

步骤	图　示	说　明
4	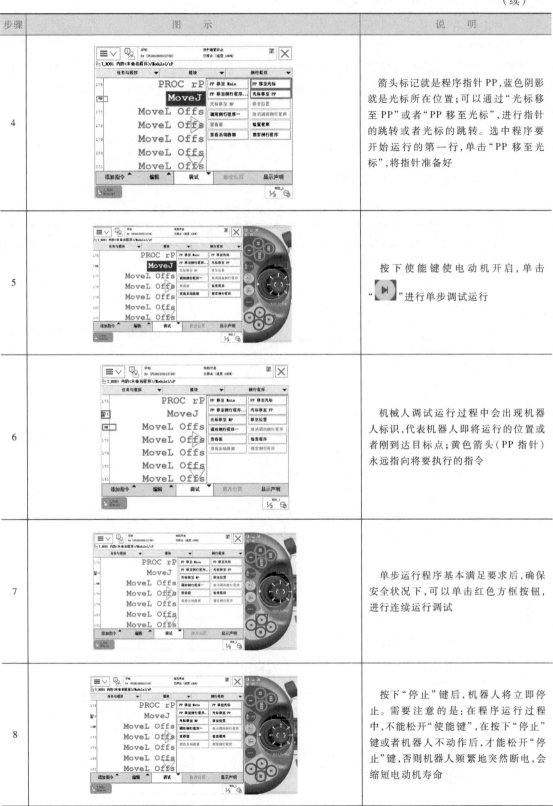	箭头标记就是程序指针PP，蓝色阴影就是光标所在位置；可以通过"光标移至PP"或者"PP移至光标"，进行指针的跳转或者光标的跳转。选中程序要开始运行的第一行，单击"PP移至光标"，将指针准备好
5		按下使能键使电动机开启，单击"▶️"进行单步调试运行
6		机械人调试运行过程中会出现机器人标识，代表机器人即将运行的位置或者刚到达目标点；黄色箭头（PP指针）永远指向将要执行的指令
7		单步运行程序基本满足要求后，确保安全状况下，可以单击红色方框按钮，进行连续运行调试
8		按下"停止"键后，机器人将立即停止。需要注意的是：在程序运行过程中，不能松开"使能键"，在按下"停止"键或者机器人不动作后，才能松开"停止"键，否则机器人频繁地突然断电，会缩短电动机寿命

（续）

步骤	图　　示	说　　明
9	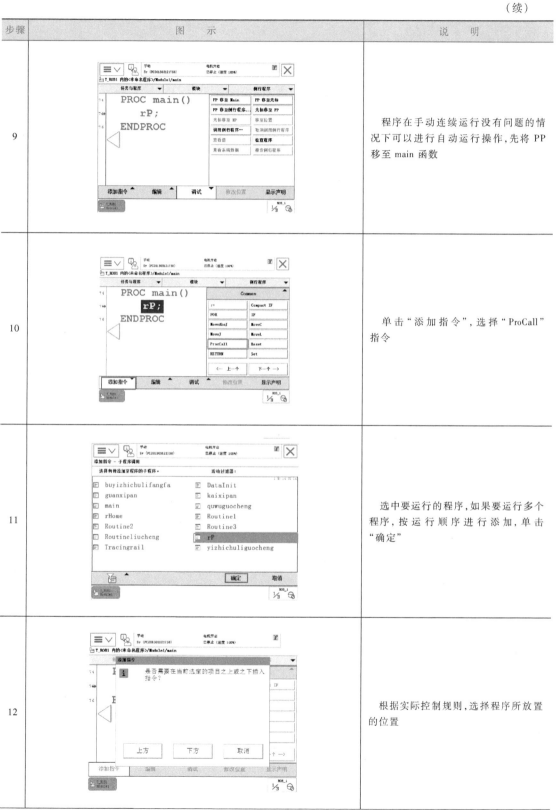	程序在手动连续运行没有问题的情况下可以进行自动运行操作，先将 PP 移至 main 函数
10		单击"添加指令"，选择"ProCall"指令
11		选中要运行的程序，如果要运行多个程序，按运行顺序进行添加，单击"确定"
12		根据实际控制规则，选择程序所放置的位置

（续）

步骤	图　示	说　明
13		将控制器钥匙开关打到"自动"档，单击示教器的确定选项，按下控制器白色按钮，启动电机
14		单击"PP 移至 Main"
15		单击"是"，然后根据运行要求进行第 5、7、8 步操作

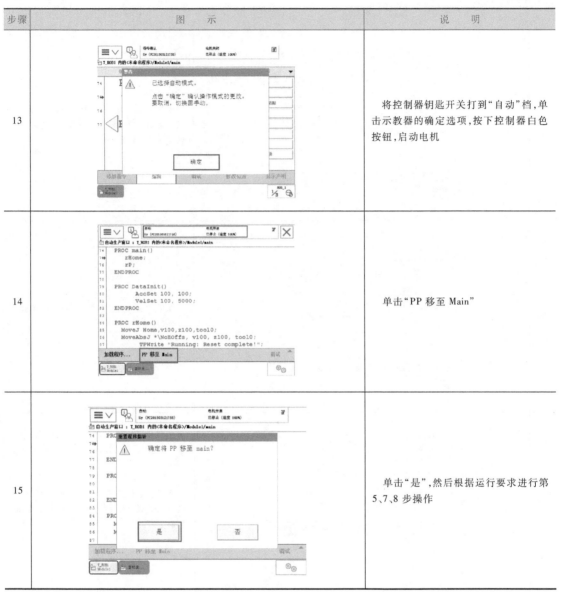

六、RAPID 程序模块的保存

在调试完成并且自动运行确认符合设计要求后，就要对程序模块进行保存操作。可根据需要将程序模块保存在机器人的硬盘或者 U 盘上。如表 1-5-3 第三步骤中的窗口界面，选中要保存的模块，打开"文件"菜单选项，选择"另存模块为 ..."，就可以将程序保存到机器人的硬盘或者 U 盘中。

 任务评价

对任务实施的完成情况进行检查评价，并将结果填入表 1-5-7。

表 1-5-7 任务测评表

序号	主要内容	考核要求	评分标准	配分	扣分	得分
1	程序与例行程序模块的创建	能按要求创建出程序模块与例行程序	1. 会创建程序模块和例行程序,但是没有按要求,每处扣 2 分 2. 不会创建程序模块和例行程序,扣 10	10		
2	程序模块的加载与保存	能加载与保存程序模块	1. 不会保存程序模块,扣 5 分 2. 会保存程序模块,但是不知如何加载,每处扣 5 分 3. 不知如何单独保存程序模块,扣 10 分	15		
3	程序的编写、调试与运行	程序编写规范、符合要求	1. 不会添加指令,扣 5 分 2. 不按路径要求选择指令,扣 5 分 3. 不会示教目标点,扣 5 分 4. 程序编写逻辑不清楚,扣 5 分 5. 程序编辑不熟练,每次扣 2 分	25		
		程序调试流程规范(手动单步调试、手动连续运行),能自动运行	1. 没有按照手动调试步骤进行,扣 10 分 2. 自动运行设定错误,每处扣 5 分 3. 无法自动运行,扣 10 分 4. 调试与运行过程中出现碰撞,扣 15 分	15		
		程序运行轨迹的考察	1. 程序运行轨迹不能到达规定要求的,每处扣 1 分 2. 所有点位都不能满足要求,扣 10 分	15		
4	创新	运动路径的规划	在参考程序基础上,进行路径优化,如运动轨迹新颖又没有出现碰撞等现象的,得 1~10 分。	10		
5	安全文明生产	劳动保护用品穿戴整齐;遵守操作规程;讲文明礼貌;操作结束要清理现场	1. 操作中,违反安全文明生产考核要求的任何一项扣 5 分,扣完为止 2. 当发现学生有重大事故隐患时,要立即予以制止,并每次扣安全文明生产总分 5 分	10		
开始时间:			合 计			
结束时间:		测评人签名:			测评结果	

任务六 工业机器人 I/O 接口配置

学习目标

1. 能够正确连接标准 I/O 模块与外部设备;
2. 能够使用示教器完成 I/O 信号配置;
3. 掌握 I/O 指令的使用方法。

任务描述

本任务主要介绍 ABB 机器人 I/O 通信的硬件资源、信号的连接与配置及 I/O 指令的编程方法。通过本任务的学习，初步掌握机器人与外围设备的信号交换原理、I/O 信号系统配置方法、RAPID 程序中的 I/O 指令的编写。

知识准备

一、ABB 机器人常用的 I/O 通信

硬件设备之间的通信是指设备之间通过数据线路按照规定的通信协议标准进行信息的交互，通信协议规定了硬件接口的标准、通信的模式以及速率，设备之间必须采用相同的通信协议才能正确地交互信息。各设备厂家生产的外围设备可能会使用不同的通信协议标准与接口类型，为此 ABB 机器人提供了丰富的通信接口，见表 1-6-1。

表 1-6-1　ABB 机器人常用通信接口

通信类型	PC 端通信	现场总线通信	ABB 标准通信
执行标准	RS232 OPC server Socket Message	Device NET（CAN 总线） Profibus Profibus-DP EtherNET IP	标准 I/O 模块 ABB PLC

1. 机器人常用接口

通信接口位于机器人控制柜内部，如图 1-6-1 所示。PC 端与控制器通信现在大多数采用以太网通信，通过网线直接将控制柜的网口与 PC 端网络接口连接，将 PC 端的 IP 设置为自动获取，利用 ABB 公司 Robot Studio 软件的在线功能，就能够在 PC 端进行机器人编程、参数设定、系统备份与监控等操作。

Device NET 是一种在 CAN 总线基础之上发展来的现场总线，采用五线制通信模式。机器人控制柜的 Device NET 接口属于系统选配功能，将主/从站单元模块安装于系统计算

图 1-6-1　控制柜通信接口界面

机的 PCI 主板插槽中，控制系统将具有 Device NET 通信功能并提供对应的五线制接口。

2. I/O 信号分类

I/O 信号是输入信号（input signal）和输出信号（output signal）的首字母缩写。对于机器人系统而言，输入信号通常由按钮、接近开关、传感器等产生并以电信号的形式输入系统之中，从而触发机器人对应运动程序的执行；输出信号由机器人系统产生，以电信号的形式输出到外围设备，通常应用于控制信号指示灯、吸盘、抓手等执行元器件或者与 PLC 进行信号传递。

I/O 信号可以分为数字量信号（digital signal）与模拟量信号（analog signal）两种基本类型。数字量信号在时间上和数量上都是离散的，有 0 和 1 两种信号状态，通常用

于标识物理触点的断开与闭合两种状态。模拟量信号在时间上和数量上都是连续的，通常用于标识压力、流量、速度等连续变化的物理量。

二、机器人的 I/O 接线

ABB 机器人提供了丰富 I/O 通信接口，可以轻松地实现与周边设备的通信。

关于 ABB 机器人 I/O 通信接口说明如下：

1）ABB 的标准 I/O 板提供的常用处理信号有数字输入 DI、数字输出 DO、模拟输入 AI、模拟输出 AO 以及输送链跟踪，在本任务中以最常用的 ABB 标准 I/O 板 DSQC652 接口线为例，详细讲解相关的数据。

图 1-6-2 I/O 通信接口示意图

2）DSQC652 板主要提供了 16 个数字输入信号和 16 个数字输出信号的处理。

3）I/O 通信接口示意图如图 1-6-2 所示（此图仅使用 ABB 机器人 IRC5 紧凑新型控制器）。

4）XS12、XS13 数字输入接口接 PLC 的输出端或其他设备（如传感器、限位开关等）；XS14、SX15 数字输出接口接 PLC 的输入端或其他设备（如电磁阀、伺服驱动器等），I/O 接口接线图如图 1-6-3 所示。

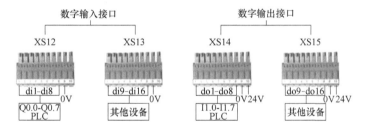

图 1-6-3 I/O 接口接线图

三、机器人的 I/O 通信配置

1. 标准 I/O 模块的参数配置

I/O 模块配置所需设置参数等说明，见表 1-6-2。

表 1-6-2 I/O 模块配置参数说明

参数名称	配置说明
Name	设定 I/O 模块在系统中的名称
Address	设定 I/O 模块的地址值

注：设定参数前要先选好 I/O 板的类型。

2. I/O信号的配置

I/O信号配置所需设置的参数及说明，见表1-6-3。

表1-6-3　I/O信号配置参数及说明

参数名称	配置说明
Name	设定信号的名称
Type of Signal	设定信号的类型
Assigned to Device	设定信号所在的I/O模块
Device Mapping	设定信号在I/O模块上的地址

（1）信号类型

在设定信号类型时，系统提供了6种信号类型，如图1-6-4所示。除了常见的DI/DO/AI/AO 4种信号类型，机器人控制器提供了组输入信号GI（Group Input）/组输出信号GO（Grout Output）。GI信号是将DI信号组合起来使用，按照BCD编码的形式将外围设备中多个二进制信号转换为十进制，并输入给系统；GO信号是将系统中的十进制信号按照BCD解码的形式转变为多个二进制信号，从而实现对多路DO信号的控制。编码时高位地址在左，低位地址在右。

图1-6-4　6种信号类型

（2）信号地址

DO/DI信号的设置地址应该与对应外围设备所连接的端子地址相符。GI/GO信号根据需要翻译的十进制数的大小及硬件接线来填写。例如，将GI1信号的地址设定为12~14，就是调用X15板上的4、5、6的端子，向系统输入一个范围在0~7之间的十进制数。

（3）信号名称

I/O信号命名推荐使用"信号类型+信号编号"的形式命名。

四、机器人的I/O指令

工业机器人运用I/O指令可以将外部设备的信号状态输入程序之中，作为运动类例行程序的触发条件，也可以对外部设备进行通/断电控制。常见的I/O指令，见表1-6-4。ABB机器人包含的I/O指令，如图1-6-5所示。

数字量置位指令能够将数字量输出信号值置为1，数字量复位指令能够将数字量输出信号值置为0，两个指令配合使用，实现对外部设备的通断控制。

模拟量置位指令用于在模拟量输出信号所定义的端子上输出电压，电压值由输出信号值根据等比运算的方法确定，常用于模拟量电压信号所控制的设备。

表 1-6-4　I/O 指令表

指令类型		指令格式	指令说明
置位/复位指令	数字量	Set <signal>; Reset <signal>;	Set 为数字量置位指令 Reset 为复位指令 Signal 为数字量输出信号名称
	模拟量	SetAO <signal>,<Value>;	SetAO 为模拟量置位指令 Signal 为模拟量输出信号名称 Value 为输出信号值
	组输出	SetGO [\ Sdelay] < signal >, <Value>;	SetGO 为组输出置位指令;[\Sdelay]为延迟输出时间,单位为 s;signal 为组输出信号名称;Value 为十进制输出信号值。"[ ]"符号表示可选变量,操作时可根据需要打开可选变量功能,才能对其进行相应的操作
信号判断指令	数字量输入信号判断	WaitDI <signal>,<Value>[\Maxtime][\TimeFlag];	WaitDI 为数字量输入信号判断指令;signal 为数字量输入名称;Value 为预设的输入信号判断值;[\Maxtime]为最长等待时间,单位为 s;[\TimeFlag]为超时标志位,最长等待时间为 300s
	数字量输出信号判断	WaitDO < signal >, < Value >[\Maxtime][\TimeFlag];	WaitDO 为数字量输出信号判断指令;signal 为数字量输出名称;Value 为预设的输出信号判断值;[\Maxtime]为最长等待时间,单位为 s;[\TimeFlag]为超时标志位,最长等待时间为 300s
	条件等待指令	WaitUntil[\Inpos] Cond[\MaxTime][\TimeFlag][\PollRate]	WaitUntil 为条件等待指令;[\Inpos]表明机械单元已经到达停止点;Cond 为等待逻辑表达式;[\PollRate]为逻辑表达式查询周期,单位为 s,最小查询周期为 0.04 s,系统默认查询周期为 0.1s
取反指令		InvertDO <signal>;	InvertDO 为取反指令;signal 为数字量输出信号名称
脉冲指令		PulseDO [\High][\PLength]< signal>;	PulseDO 为脉冲指令;[\High]为高电平状态可选变量;[\PLength]为脉冲长度,单位为 s,脉冲长度范围为 0.001~2000s,系统默认为 0.2s;signal 为产生脉冲的信号名称

I/O	
AliasIO	AliasIOReset
InvertDO	IOActivate
IOBusStart	IOBusState
IODeactivate	IODisable
IOEnable	PulseDO
Reset	Set
← 上一个	下一个 →

I/O	
SetAO	SetDO
SetGO	WaitAI
WaitAO	WaitDI
WaitDO	WaitGI
WaitGO	
← 上一个	下一个 →

图 1-6-5　ABB 机器人的 I/O 指令

程序运行到信号判断指令时会处于等待状态，直到数字输入信号达到判断值，程序继续向下运行。使用该指令时，如果只指定［\ MaxTime］一个变量，等待时间超时后，程序将报错并停止运行；如果同时指定［\ MaxTime］和［\ TimeFlag］两个变量，等待时间超时后，程序将［\ TimeFlag］置为 TRUE，同时继续向下运行。

条件等待指令可用于布尔量、数字量以及数字 I/O 信号值的判断，如果等待逻辑表达式的条件满足，程序继续向下运行。

脉冲指令能够产生一个长度可控的数字脉冲输出信号。脉冲信号产生后，程序将直接向下执行，可以通过复位指令来关闭脉冲信号。

任务实施

一、I/O 模块的参数配置（扫二维码观看视频）

根据表 1-6-5 中 I/O 模块的参数配置进行实际操作，掌握 I/O 模块的参数配置方法。

表 1-6-5 I/O 模块的参数配置

步骤	图　示	说　明
1		在示教器主菜单中单击"控制面板"
2		单击"配置"配置系统参数

（续）

步骤	图 示	说 明
3	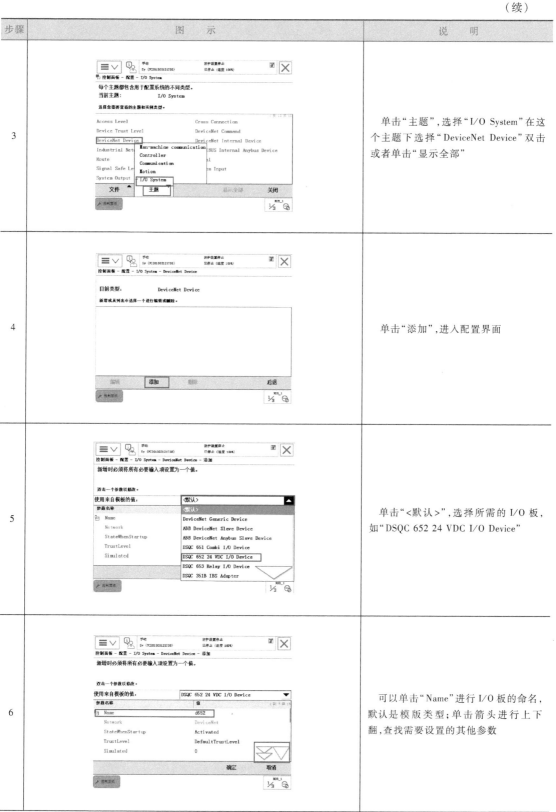	单击"主题"，选择"I/O System"在这个主题下选择"DeviceNet Device"双击或者单击"显示全部"
4		单击"添加"，进入配置界面
5		单击"<默认>"，选择所需的I/O板，如"DSQC 652 24 VDC I/O Device"
6		可以单击"Name"进行I/O板的命名，默认是模版类型；单击箭头进行上下翻，查找需要设置的其他参数

（续）

步骤	图　示	说　明
7	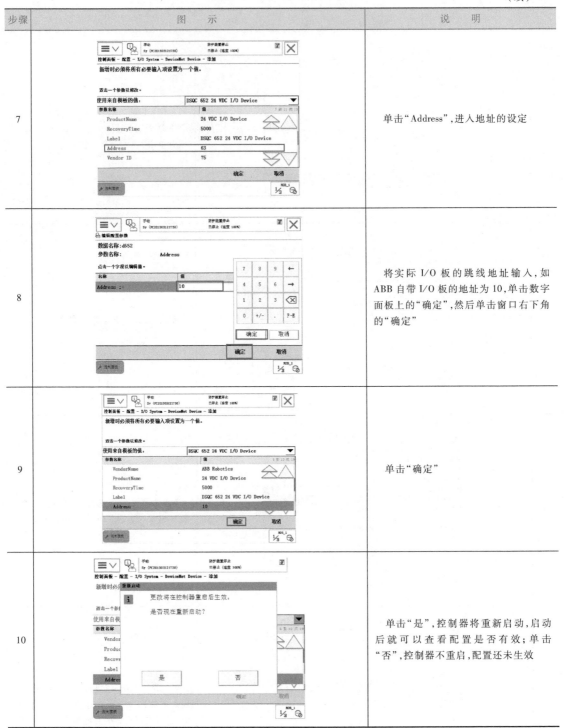	单击"Address"，进入地址的设定
8		将实际 I/O 板的跳线地址输入，如 ABB 自带 I/O 板的地址为 10，单击数字面板上的"确定"，然后单击窗口右下角的"确定"
9		单击"确定"
10		单击"是"，控制器将重新启动，启动后就可以查看配置是否有效；单击"否"，控制器不重启，配置还未生效

二、I/O 信号的配置

根据相关知识，对 I/O 板进行信号的添加配置，见表 1-6-6，添加 16 个输入信号及

16 个输出信号, 并记录。

表 1-6-6 I/O 信号的配置

步骤	图示	说明
1	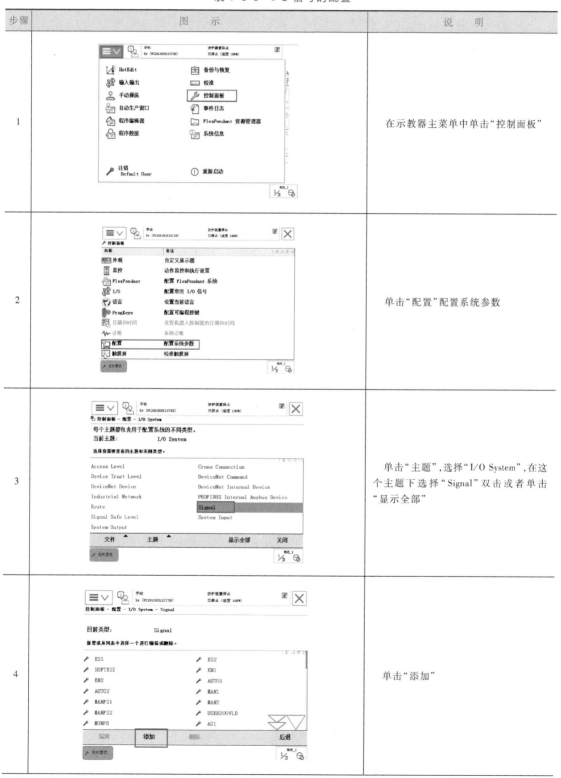	在示教器主菜单中单击"控制面板"
2		单击"配置"配置系统参数
3		单击"主题",选择"I/O System",在这个主题下选择"Signal"双击或者单击"显示全部"
4		单击"添加"

（续）

步骤	图　示	说　明
5	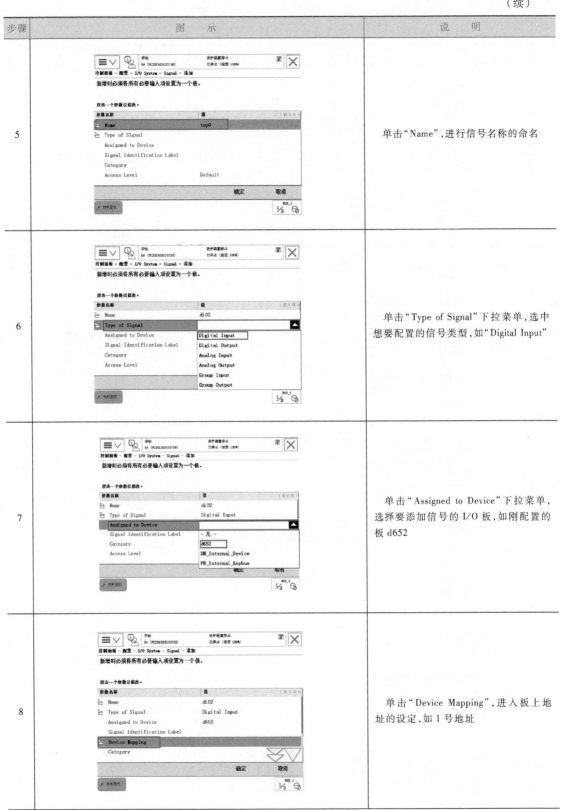	单击"Name"，进行信号名称的命名
6		单击"Type of Signal"下拉菜单，选中想要配置的信号类型，如"Digital Input"
7		单击"Assigned to Device"下拉菜单，选择要添加信号的I/O板，如刚配置的板d652
8		单击"Device Mapping"，进入板上地址的设定，如1号地址

（续）

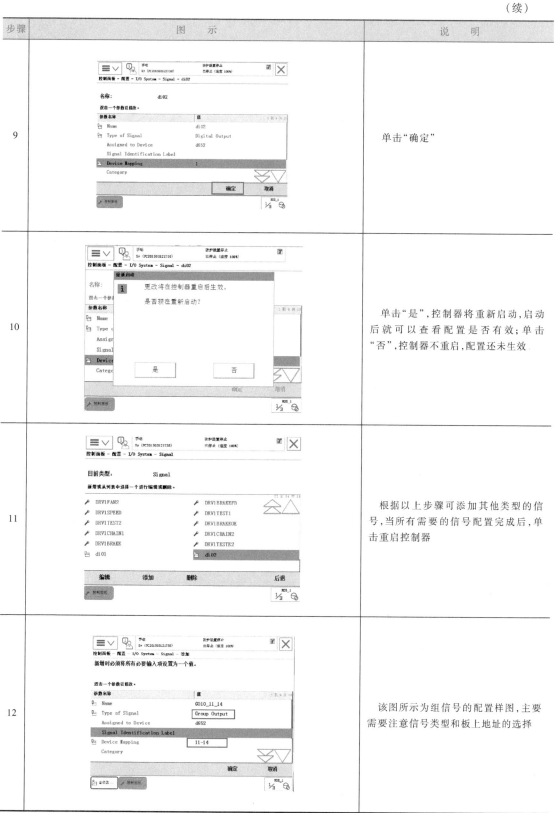

步骤	图　　示	说　　明
9		单击"确定"
10		单击"是"，控制器将重新启动，启动后就可以查看配置是否有效；单击"否"，控制器不重启，配置还未生效
11		根据以上步骤可添加其他类型的信号，当所有需要的信号配置完成后，单击重启控制器
12		该图所示为组信号的配置样图，主要需要注意信号类型和板上地址的选择

三、信号的监控与强制（扫二维码观看视频）

在配置好 I/O 信号的前提下，对信号进行操作。信号监控方法见表 1-6-7。

表 1-6-7　信号监控方法

步骤	图　示	说　明
1	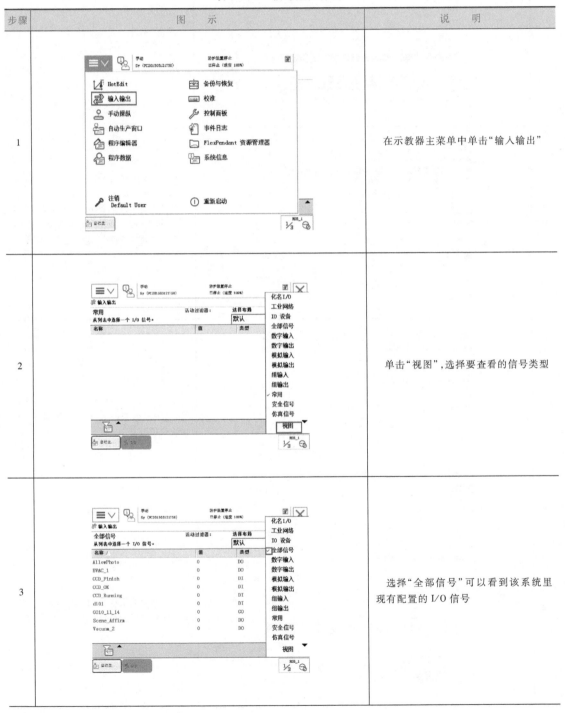	在示教器主菜单中单击"输入输出"
2		单击"视图"，选择要查看的信号类型
3		选择"全部信号"可以看到该系统里现有配置的 I/O 信号

（续）

步骤	图　示	说　明
4	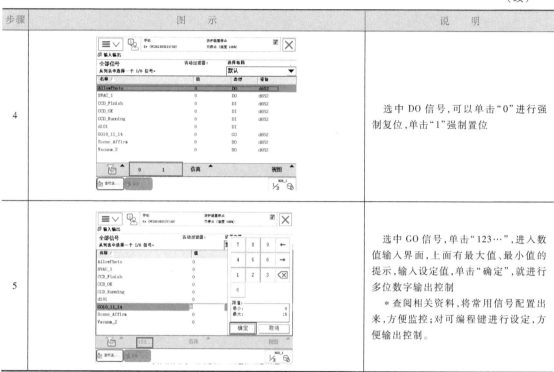	选中 DO 信号,可以单击"0"进行强制复位,单击"1"强制置位
5		选中 GO 信号,单击"123…",进入数值输入界面,上面有最大值、最小值的提示,输入设定值,单击"确定",就进行多位数字输出控制 *查阅相关资料,将常用信号配置出来,方便监控;对可编程键进行设定,方便输出控制。

任务评价

对任务实施的完成情况进行检查评价,并将结果填入表 1-6-8。

表 1-6-8　任务测评表

序号	主要内容	考核要求	评分标准	配分	扣分	得分
1	I/O 板的配置	能正确配置 I/O 板	1. I/O 板配置操作过程有误,每处扣 5 分 2. I/O 板的配置参数有误,I/O 板无法正常运行,每处扣 5 分 3. 不会配置,扣 25 分	25		
2	I/O 信号的配置	能正确配置出数字输入输出信号;组输入、组输出信号	1. 信号配置操作过程有误,每处扣 5 分 2. 信号参数配置有误,信号无法正常使用,每错扣 5 分 3. 信号配置全错,扣 30 分	30		
3	信号的应用及仿真操作	在信号配置完成的基础上,按要求配置常用信号(系统的输入输出配置)	1. 参数配置有误,每处扣 5 分 2. 不能够按要求配置出常用信号的,扣 15 分	15		
		信号的监控与仿真操作	1. 不会进行信号的监控操作,扣 5 分 2. 仿真操作错误,每次扣 5 分	10		
		完成可编程按键的定义	1. 定义操作有误,每次扣 5 分 2. 不能够根据要求对可编程键进行定义,扣 10 分 3. 不会按键的定义操作,每次扣 5 分	10		

（续）

序号	主要内容	考核要求	评分标准	配分	扣分	得分
4	安全文明生产	劳动保护用品穿戴整齐;遵守操作规程;讲文明礼貌;操作结束要清理现场	1. 操作中,违反安全文明生产考核要求的任何一项扣5分,扣完为止 2. 当发现学生有重大事故隐患时,要立即予以制止,并每次扣安全文明生产总分5分	10		
开始时间:			合计			
结束时间:		测评人签名:		测评结果		

项目二

工业机器人基本应用

任务一　工业机器人轨迹描绘任务编程与操作

学习目标

1. 能根据现有硬件设施，构建工业机器人轨迹描绘工作单元；
2. 通过学习工业机器人基本编程指令，掌握程序编写与调试方法；
3. 能够独立完成工业机器人轨迹描绘任务的程序编写与调试操作。

任务描述（扫二维码观看视频）

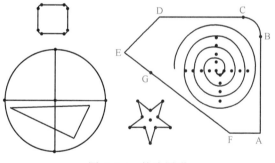

通过现有的设备模型，构建工业机器人基本工作站，完成任务模型夹具的安装，编写工业机器人轨迹描绘程序，示教相应的点位，调试运行完成如图 2-1-1 所示的轨迹图形，并能够在自动模式下完成机器人轨迹描绘程序的运行。

图 2-1-1　轨迹图形

知识准备

一、工业机器人轨迹描绘基本工作站

1. 基本工作站组成

工业机器人轨迹描绘基本工作站是为了进行工业机器人轨迹描绘数据示教编程而构建的，主要由机器人控制器、轨迹描绘训练模型及夹具、电气操作板、安全护栏、维修安全门、零件箱和工具墙等组成，如图 2-1-2 所示。

2. 基本工作站电源线路图

机器人基本工作站电源线路如图 2-1-3 所示。

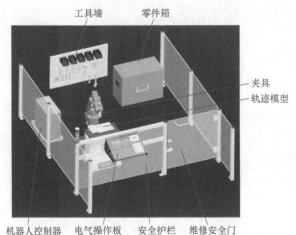

图 2-1-2　工业机器人轨迹描绘基本工作站

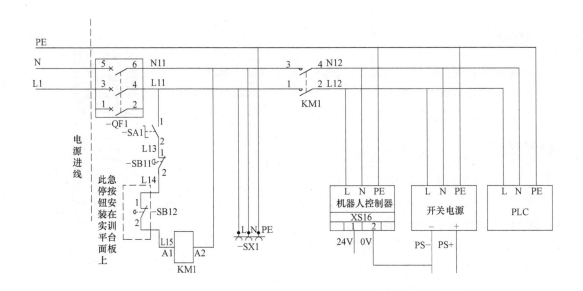

图 2-1-3　基本工作站电源线路图

二、运动指令

机器人在空间中进行运动主要有 4 种方式，对应 4 种运动指令：关节运动（MoveJ）、线性运动（MoveL）、圆弧运动（MoveC）和绝对位置运动（Move AbsJ）。

1. 关节运动指令（MoveJ）

关节运动指令是在对路径精度要求不高的情况，机器人的工具中心点 TCP 从一个位置移动到另一个位置，两个位置之间的路径不一定是直线。

程序一般起始点使用 MoveJ 指令。机器人将 TCP 沿最快轨迹送到目标点，机器人的姿态会随意改变，TCP 路径不可预测。机器人最快速的运动轨迹通常不是最短的轨迹，因而关节轴运动不是直线。由于机器人轴的旋转运动，弧形轨迹会比直线轨迹更快。运动轨迹示意如图 2-1-4 所示。

图 2-1-4 运动轨迹示意图

关节运动指令的运动特点：运动的具体过程是不可预见的；6 个轴同时启动并且同时停止。使用 MoveJ 指令可以使机器人的运动更加高效快速，也可以使机器人的运动更加柔和，但是关节轴运动轨迹是不可预见的，所以使用该指令务必确认机器人与周边设备不会发生碰撞。

（1）指令格式

格式：MoveJ ToPoint，Speed，Zone，Tool［\Wobj］;

指令格式说明：

1）ToPoint：目标点，默认为 *。（robtarget）

2）Speed：运行速度数据。（speeddata）

3）Zone：运行转角数据。（zonedata）

4）Tool：工具中心点（TCP）。（tooldata）

5）［\Wobj］：工件坐标系。（wobjdata）

（2）应用

机器人以最快捷的方式运动至目标点，机器人运动状态不可控，但运动路径保持唯一，常用于机器人在空间大范围移动。

2. 线性运动指令（MoveL）

线性运动是机器人的 TCP 按照设定的姿态从起点到终点之间的路径始终保持为直线。直线运动的起点是前一运动指令的示教点，终点是当前指令的示教点。

（1）指令格式

格式：MoveL ToPoint，Speed，Zone，Tool［\Wobj］;

指令格式说明：

1）ToPoint：目标点，默认为 *。（robtarget）

2）Speed：运行速度数据。（speeddata）

3）Zone：运行转角数据。（zonedata）

4）Tool：工具中心点（TCP）。（tooldata）

5）［\Wobj］：工件坐标系。（wobjdata）

（2）应用

机器人以线性移动方式运动至目标点，当前点与目标点两点决定一条直线，机器人运动状态可控，运动路径保持唯一，可能出现死点，常用于机器人在工作状态移动。一般适用于焊接、涂胶等对路径要求高的场合。

3. 圆弧运动指令（MoveC）

机器人通过中间点以圆弧移动方式运动至目标点，当前点、中间点与目标点 3 点决定一段圆弧，如图 2-1-5 所示。机器人运动状态可控，运动路径保持唯一，常用于机器人在工作状态移动。

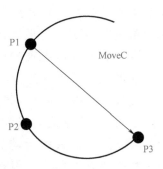

图 2-1-5　圆弧运动轨迹

（1）指令格式

指令格式：MoveC CirPoint, ToPoint, Speed, Zone, Tool[\Wobj]；

指令格式说明：

1）CirPoint：圆固点（决定圆弧曲率半径），默认为 * 。（robtarget）

2）ToPoint：圆弧目标点，默认为 * 。（robtarget）

3）Speed：运行速度数据。（speeddata）

4）Zone：运行转角数据。（zonedata）

5）Tool：工具中心点（TCP）。（tooldata）

6）[\ Wobj]：工件坐标系。（wobjdata）

（2）应用

机器人通过中心点以圆弧移动方式运动至目标点，当前点、中间点与目标点三点决定一段圆弧，机器人运动状态可控，运动路径保持唯一，常用于机器人在工作状态移动，但不可能通过一个 MoveC 指令完成一个圆。

4. 绝对位置运动指令（MoveAbsj）

绝对位置运动指令是机器人的运动使用六个轴和外轴的角度值来定义目标位置数据。需要注意机器人各轴可能发生的运动轨迹，避免发生碰撞。该指令常用于机器人的 6 个轴从当前位置回到机械零点（0°）的位置（绝对位置）。

（1）指令

格式：MoveAbsJ ToPoint, Speed, Zone, Tool [\ WObj]；

指令格式说明：

1）ToPoint：目标点，默认为 *（robtarget）

2）NoEoffs：外轴没有偏移数据。

3）Speed：运行速度数据。（speeddata）

4）Zone：运行转角数据。（zonedata）

5）Tool：工具中心点（TCP）。（tooldata）

6）[\ Wobj]：工件坐标系。（wobjdata）

（2）编程举例

根据如图 2-1-6 所示的运动轨迹，编写指令程序。

图 2-1-6 所示运动轨迹的指令程序如下：

MoveL p1, v250, z20, tool1 \ Wobj：=Wobj1；

MoveL p2, v100, fine, tool1 \ Wobj：=Wobj1；

MoveJ p3, v200, fine, tool1 \ Wobj：=Wobj1；

在手动限速状态下，所有的运动速度被限制在 250mm/s 以下；机器人的速度一般最

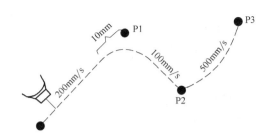

图 2-1-6　运动轨迹

高为 5000mm/s。z20 是转弯区数据，转弯区数值越大，机器人的动作路径就越圆滑、流畅；fine 指机器人 TCP 到达目标点，在目标点速度降为零，机器人动作有所停顿后再往下运动。

三、偏置指令

偏置指令 offs（P0，A_ X，A_ Y，A_ Z）：P0 为偏移基准点（工件坐标系），A_ X、A_ Y、A_ Z 分别为在基准点的基础上 X、Y、Z 方向上的偏移值。

任务实施

一、安装轨迹描绘模型与夹具

1. 安装轨迹描绘模型（扫二维码观看视频）

1）打开实训模块存储箱，如图 2-1-7 所示；从存储箱上层取出轨迹描绘模型，放置到模型实训平台面板上，如图 2-1-8 所示。

2）把轨迹描绘模型放置到实训平台合适的位置，用 M5 型内六角螺钉将模型的四角固定锁紧（在轨迹描绘模型 4 个角有用于安装固定的螺钉安装孔），保证模型紧固牢靠，安装示意与整体布局如图 2-1-9 所示。

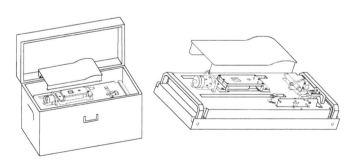

图 2-1-7　取出轨迹描绘模型

2. 安装轨迹描绘配套夹具

与轨迹描绘模型配套使用的是基础绘图笔夹具，如图 2-1-10 所示；从存储箱上层取出绘图笔夹具，如图 2-1-11 所示；绘图笔夹具连接块上有 4 个螺钉安装孔，将其与机器

图 2-1-8 轨迹描绘模型放于平台　　　　　图 2-1-9 轨迹描绘模型安装示意图

人 J6 轴连接法兰的 4 个螺丝安装孔对正，用内六角 M5×15 螺钉将其固定锁紧，保证夹具紧固牢靠，如图2-1-12所示。

二、连接机器人硬件及 I/O 接口电气线路

根据要求，对机器人本体、控制器、示教器进行线缆连接；对机器人 I/O 接口进行连接与设置；对机器人工作站外围设备进行安装与接线。

图 2-1-10 绘图笔夹具

三、机器人转数计数器更新操作

根据操作要求，在手动状态下，使用关节运动模式，手动操作示教器使机器人各关节回到机械原点位置（原点校准），进行转数计数器更新操作。

四、设定机器人工具数据 tooldata

1）在"新建工件坐标"窗口，使用"4 点加 X、Z 方向"方法进行工具坐标的设定。

2）采用手动操作或执行"LOADIDDENTIFY"程序，准确设定工具的重量与重心。

五、设定工作台的工件坐标系

在示教器"新建工具坐标"窗口，"用户方法"选定为"3 点"进行工具坐标的设定。

基础绘图笔夹具

图 2-1-11 取出绘图笔夹具　　　　　图 2-1-12 绘图笔夹具安装示意图

六、轨迹描绘任务的编程与调试

1. 规划机器人运动轨迹及示教点

根据实际需要，规划工业机器人运行轨迹（以五角星轨迹描绘为例，如图 2-1-13 所示），确定其运动所需要的程序点（见表 2-1-1），并示教。

表 2-1-1　机器人五角星运动轨迹示教点

序号	程序点	注释	备注
1	Home	机器人初始位置	需示教
2	P01	机器人 P10 向上提升 50mm	程序中定义
3	P02	机器人 P10 向上提升 100mm	程序中定义
4	P10～P19	红色五角星轨迹点	需示教

2. 制定工艺流程图（理清思路；对路径进行分析规划，分步编写）

根据机器人运动轨迹编写机器人程序时，首先要根据控制要求绘制机器人程序流程图，然后编写机器人主程序和子程序。主程序主要是调用子程序和回原点 ht_ home。子程序主要包括等边三角形子程序、四方形子程序、圆形子程序和五角星子程序等。

根据控制功能，设计机器人程序流程如下：

机器人控制柜上电→复位→画红色五角星→画红色等边三角形→画绿黑色十字→画蓝色多边形→画绿色框→画黄色圆弧→画蓝色的圆→复位（回原点）。

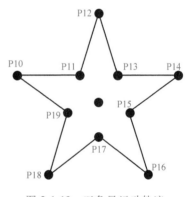

图 2-1-13　五角星运动轨迹

3. 确定编程思路

第一步，先回原点；第二步，从某一方向依次按图形编程；第三步，设置程序循环条件。

4. 机器人程序编写

以五角星轨迹描绘为例编写程序，其他图形轨迹描绘的程序自行编写。编写程序前请先确定好机器人的工具坐标及工件坐标（如本任务选择了建立好的工具坐标 tool1、工件坐标 wobj1）。

五角星轨迹描绘编程

（1）编写主程序

主程序主要用来调用程序与控制相关逻辑信号控制等相关条件判断指令和循环指令。

```
PROC main ( )
    rIntiall;                     //初始化
    WHILE TRUE DO                 //无限（死）循环控制
        IF di1 = 1 THEN           //等信号（上电启动）
            rP;                   //五角星轨迹描绘子程序
            rHome;                //回初始原点子程序
        ENDIF
        WaitTIME 0.3;             //延时 0.3s
    ENDWHILE
END PROC
```

（2）编写五角星轨迹描绘子程序

```
PROC   rP ( )
    MoveJ P01, v300, z50, tool1 \ wobj: = wobj1;
    MoveL P10, v300, z1, tool1 \ wobj: = wobj1;
    MoveL P11, v300, z1, tool1 \ wobj: = wobj1;
    MoveL P12, v300, z1, tool1 \ wobj: = wobj1;
    MoveL P13, v300, z1, tool1 \ wobj: = wobj1;
    MoveL P14, v300, z1, tool1 \ wobj: = wobj1;
    MoveL P15, v300, z1, tool1 \ wobj: = wobj1;
    MoveL P16, v300, z1, tool1 \ wobj: = wobj1;
    MoveL P17, v300, z1, tool1 \ wobj: = wobj1;
    MoveL P18, v300, z1, tool1 \ wobj: = wobj1;
    MoveL P19, v300, z1, tool1 \ wobj: = wobj1;
    MoveL P10, v300, fine, tool1 \ wobj: = wobj1;
    MoveL P02, v300, z50, tool1 \ wobj: = wobj1;
ENDPROC
```

（3）编写回初始原点子程序

```
PROC   rHome ( )
    MoveJ Home, v300, fine, tool1 \ wobj: = wobj1;
        ENDPROC
```

（4）编写初始化子程序

```
PROC   rIntiall ( )
Accset 100, 100;                  //加速度设置
Velset 100, 500;                  //速度设置
rHome;                            //回初始点子程序
ENDPROC
```

5. 输入机器人程序

在输入机器人程序前，首先要创建程序模块以及例行程序，具体操作过程见表 2-1-2。

表 2-1-2 程序模块及例行程序的创建

步骤	图 示	说 明
1	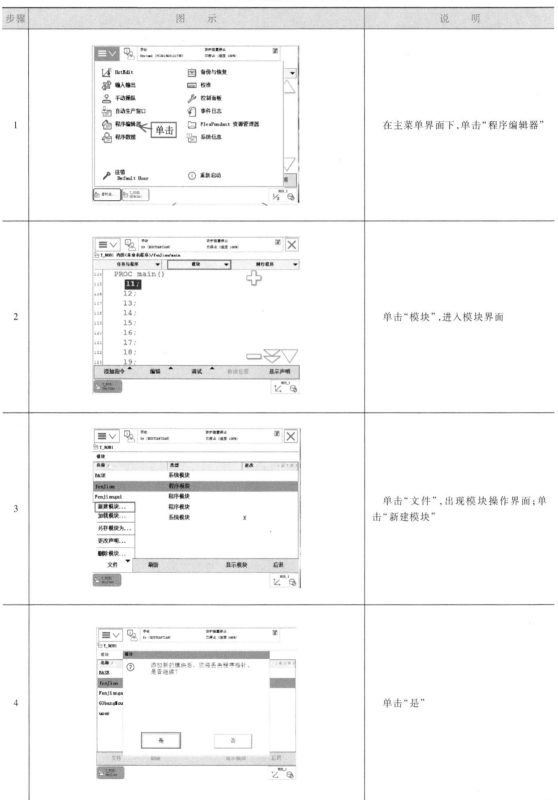	在主菜单界面下,单击"程序编辑器"
2		单击"模块",进入模块界面
3		单击"文件",出现模块操作界面;单击"新建模块"
4		单击"是"

（续）

步骤	图　示	说　明
5		单击"ABC..."设置模块名称（一般模块名称与工作任务相关，也可以使用默认的模块名称"Module1"），单击"确定"
6		选中创建的模块名称双击它或者单击"显示模块"
7		单击"添加指令"显示的指令是灰色；然后单击"例行程序"
8		单击"文件""新建例行程序…"，创建要编写的例行程序名称

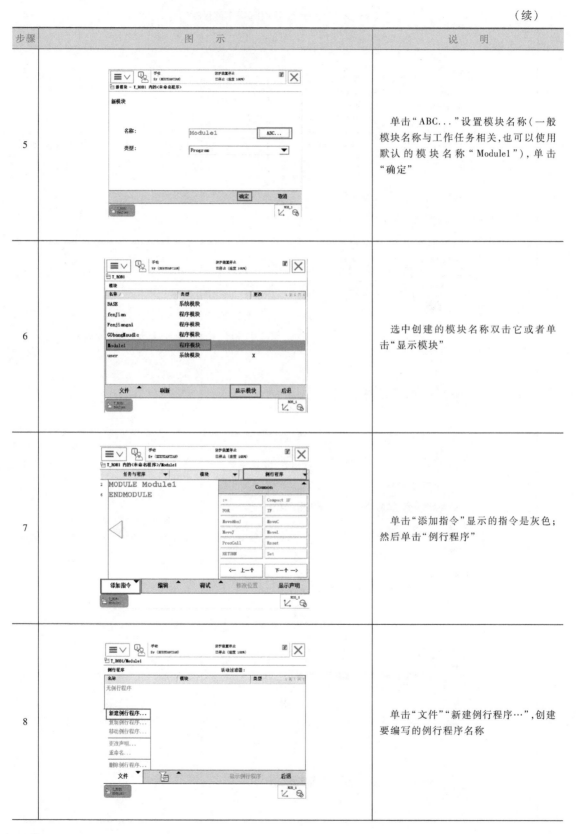

（续）

步骤	图　　示	说　　明
9		"ABC..."用来设置程序名称；"参数"选项根据实际需要进行选择添加；"模块"选项选择程序要放置的位置，设置完成后，单击"确定"
10		选中要编写的程序名称，如：PROC main（）；单击"显示例行程序"
11		单击"添加指令"，在指令窗口中选择所需的指令
12		选中第一条指令添加时，会出现该提示窗口，根据实际需要进行选择

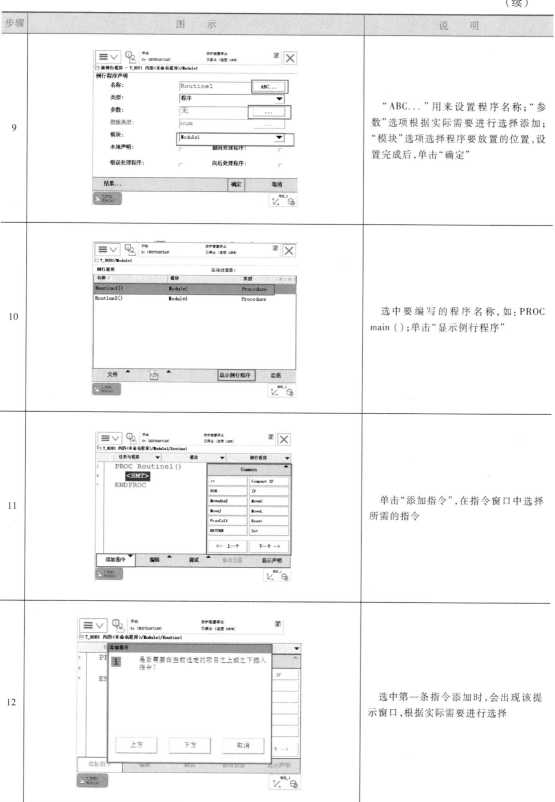

（续）

步骤	图　　示	说　　明
13	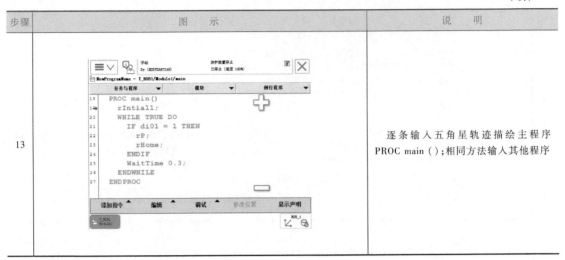	逐条输入五角星轨迹描绘主程序PROC main（ ）；相同方法输入其他程序

6. 点位示教

点位的示教方式见表 2-1-3。

表 2-1-3　点位的示教

步骤	图　　示	说　　明
1	ENDIF MoveJ **Home**,v200,z100,tool Set DO09; TPWrite "Running: Reset c PROC 选中示教点 单击这个选项 编辑　调试　修改位置	手动移动机器人 TCP 到要示教的位置；然后在程序中找到需要示教的点；单击"修改位置"，即完成当前点的示教
2	程序数据－已用数据类型 从列表中选择一个数据类型。 范围:RAPID/T_ROB1　　更改范围 clock　　jointtarget　　loaddata num　　robtarget　　tooldata wobjdata	在程序数据里找到需要的点
3	数据类型: robtarget　　活动过滤器: 选择想要编辑的数据。 范围:RAPID/T_ROB1　　更改范围 名称　值　模块 Home　[[201,-17.51,489.... Module1　全局 p1　[[334.4,14.35,627.... jiqiren　本地 p10　[[-32.79,-454.16,... Module1　全局 p11　[[-50.15,-454.16,... Module1　全局 p11　[[124,-103.08,847... jiqiren　本地 p12　[[-54.78,-432.44,... Module1　全局 p13　[[-47.85,-413.12,... Module1　全局 新建...　编辑　刷新　查看数据类型	双击"**robtarget**"，出现可编辑数据的界面

（续）

步骤	图　示	说　明
4	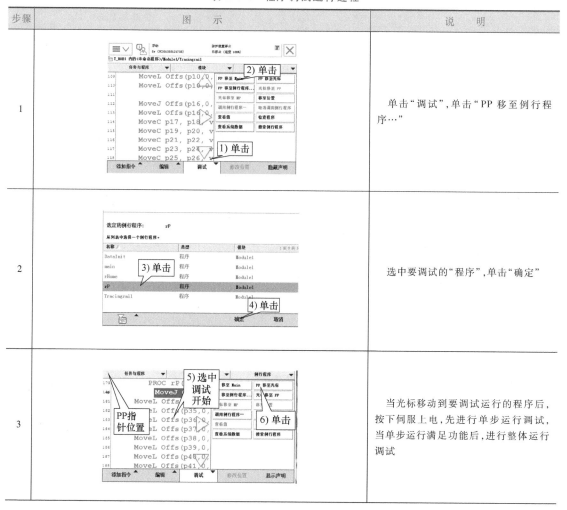	选中需要示教的点,单击"编辑"出现下拉菜单,单击"修改位置",然后单击"确定",就可以将当前位置赋值给选中的示教点

7. 程序调试

调试机器人程序包括单步调试和连续调试两种。调试运行程序,观察机器人绘图笔的运行轨迹。机器人程序调试运行过程见表 2-1-4。

表 2-1-4　程序调试运行过程

步骤	图　示	说　明
1		单击"调试",单击"PP 移至例行程序…"
2		选中要调试的"程序",单击"确定"
3		当光标移动到要调试运行的程序后,按下伺服上电,先进行单步运行调试,当单步运行满足功能后,进行整体运行调试

（续）

步骤	图　示	说　明
4	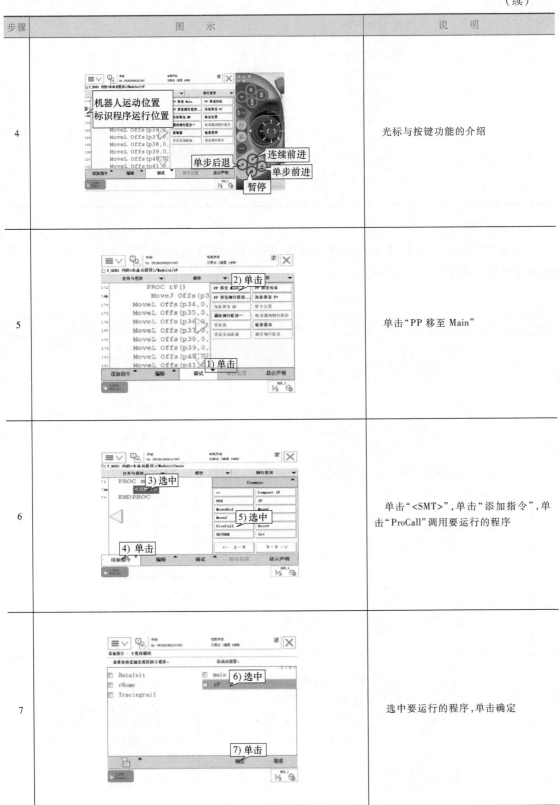	光标与按键功能的介绍
5		单击"PP 移至 Main"
6		单击"<SMT>"，单击"添加指令"，单击"ProCall"调用要运行的程序
7		选中要运行的程序，单击确定

（续）

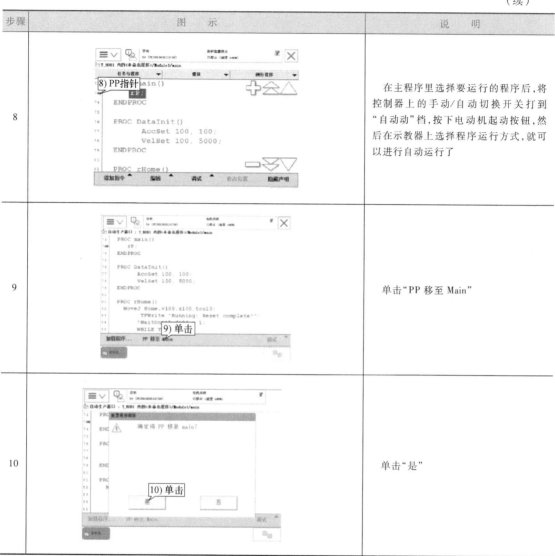

步骤	图　示	说　明
8	8) PP指针	在主程序里选择要运行的程序后，将控制器上的手动/自动切换开关打到"自动动"档，按下电动机起动按钮，然后在示教器上选择程序运行方式，就可以进行自动运行了
9	9) 单击	单击"PP 移至 Main"
10	10) 单击	单击"是"

任务评价

对任务实施的完成情况进行检查，并将结果填入表 2-1-5。

表 2-1-5　任务测评表

序号	主要内容	考核要求	评分标准	配分	扣分	得分
1	安装模型和绘图笔	正确安装轨迹描绘模型；绘图工具安装在末端控制 J6 轴	1. 轨迹描绘模型安装位置不在机器人工作范围，扣 5 分 2. 绘图工具或模型松动或缺少螺钉，扣 5 分 3. 损坏夹具或模型，扣 5 分	10		
2	建立坐标系	学习建立工具坐标系及工件坐标系	1. 根据绘图工具建立工具坐标系 2. 根据轨迹描绘模型建立工件坐标系，不能完成的，每项扣 10 分	20		

（续）

序号	主要内容	考核要求	评分标准	配分	扣分	得分
3	程序编写及点位示教操作	能编写指定的图形描绘任务程序;能完成点位示教	1. 操作机器人动作不规范的,使用运动指令不正确的,扣5分 2. 运动轨迹定位不准确的,扣5分 3. 不能完成机器人点位示教的,扣10分 4. 机器人程序不能完成图形描绘,扣10分	30		
4	安全文明生产	劳动保护用品穿戴整齐;遵守操作规程;讲文明礼貌;操作结束要清理现场	1. 操作中,违反安全文明生产考核要求的任何一项扣5分,扣完为止 2. 当发现学生有重大事故隐患时,要立即予以制止,并每次扣安全文明生产总分5分	10		
开始时间:			合　计			
结束时间:		教师签名:		测评结果		

技能拓展

根据本任务所学技能,以小组讨论的方式,规划机器人运动轨迹,设计程序流程图,完成螺旋线图形描绘的机器人程序编写、点位示教以及程序调试与运行操作。

（1）螺旋线图形（见图 2-1-14）

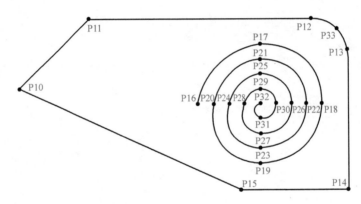

图 2-1-14　螺旋线图形

（2）螺旋线图形描绘参考程序

```
PROC R_LUOXUAN( )//绘制螺旋线的参考程序
    MoveJ Offs(P16,0,0,50),v300,z1,tool0;        //到达走圆弧的起点的正上方50mm处
    MoveL Offs(P16,0,0,0),v300,z1,tool0;         //到达走圆弧的起点(第一个点)
    MoveC P17, P18, v300, z1, tool0;
    MoveC P19, P20, v300, z1, tool0;
    MoveC P21,P22, v300, z1, tool0;
    MoveC P23, P24, v300, z1, tool0;
    MoveC P25, P26, v300, z1, tool0;
    MoveC P27, P28, v300, z1, tool0;
    MoveC P29, P30, v300, z1, tool0;
    MoveC P31, P32, v300, z1, tool0;
    MoveL Offs(P32,0,0,50),v300,z1,tool0;        //到达圆弧最后一个点的上方50mm处
```

```
ENDPROC

PROC R_BUGUIZE( )//绘制不规则图形的参考程序
MoveJ Offs(P10,0,0,50),v300,z1,tool0;          //到达走图形第一个点的正上方50mm处
MoveL Offs(P10,0,0,0),v300,z1,tool0;           //到达走图形的起点(第一个点)
MoveL Offs(P11,0,0,0),v300,z1,tool0;
MoveL Offs(P12,0,0,0),v300,z1,tool0;
MoveC P33,P13,v300,z1,tool0;
MoveL Offs(P14,0,0,0),v300,z1,tool0;
MoveL Offs(P15,0,0,0),v300,z1,tool0;
MoveL Offs(P10,0,0,0),v300,z1,tool0;
MoveL Offs(P10,0,0,50),v300,z1,tool0;
ENDPROC
```

任务二　　工业机器人图块搬运任务编程与操作

学习目标

1. 会安装机器人的搬运夹具和模型，能正确连接夹具的气动回路；
2. 会规划机器人的移动路径、创建程序数据，并准确示教机器人目标点；
3. 能编写机器人搬运程序，并调试运行程序；
4. 具备团队合作能力，对任务完成过程中出现的问题，能够协商分析和解决。

任务描述（扫二维码观看视频）

有两个正方形物料底盘，每个底盘有16个物料位置，每个物料间距是50mm。要求工业机器人先将物料底盘A中1~16号位置的物料搬放到物料底盘B中1~16号相应的位置，然后再将底盘B中的物料搬回到底盘A中原来的位置。图块搬运模型如图2-2-1所示。

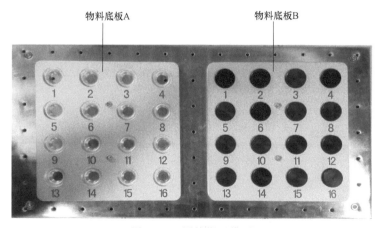

图 2-2-1　图块搬运模型

要求安装好机器人的夹具，然后编写程序，调试机器人，对两个物料底盘里的物料进行搬运。任务完成后清理现场，对机器人搬运模型、吸盘夹具及工具等分类存放。

知识准备

一、机器人指令与用法

机器人基本运动指令、逻辑功能指令、位置偏移功能等的用法，请参照项目一任务五中程序指令的相关内容。

二、ProcCall 调用例行程序指令

通过使用 ProcCall 指令在指定的位置调用例行程序。ProcCall 调用例行程序指令的应用见表 2-2-1。

表 2-2-1　ProcCall 调用例行程序指令的应用

步骤	图　　示	说　　明
1		选中 < SMT > 为要调用例行程序的位置。 在添加指令的列表中，选择"ProcCall"指令
2		选中要调用的例行程序"Routine3"，然后单击"确定"
3		调用例行程序执行的结果

三、I/O 控制指令

I/O 控制指令用于控制 I/O 信号，以达到与机器人周边设备进行通信的目的。常用 I/O 控制指令有：

（1）Set 数字信号置位指令

Set 数字信号置位指令用于将数字输出 "Digital Output" 置位为 "1"，如图 2-2-2 所示。

（2）Reset 数字信号复位指令

Reset 数字信号复位指令用于将数字输出 "Digital Output" 置位为 "do1"，如图 2-2-3所示。

图 2-2-2　Set 数字信号置位指令的应用

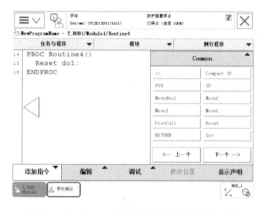

图 2-2-3　Reset 数字信号复位指令的应用

如果在 Set、Reset 指令前有运动指令 MoveJ、MoveL、MoveC、MoveAbsJ 的转弯区数据，必须使用 fine 才可以准确地输出 I/O 信号状态的变化。

（3）WaitDI 数字输入信号判断指令

WaitDI 数字输入信号判断指令用于判断数字输入信号的值是否与目标值一致。

WaitDI 数字输入信号判断指令的应用如图 2-2-4所示。

在程序执行此指令时，始终等待 di2 的值，如果 di2 的值为 1，则程序继续往下执行；如果到达最大等待时间 300s（此时间可根据实际进行设定）以后，di2 的值还不为 1，则机器人报警或进入出错处理程序。

（4）WaitDO 数字输出信号判断指令

WaitDO 数字输出信号判断指令用于判断数字输出信号的值是否与目标值一致。

WaitDO 数字输出信号判断指令的应用如图2-2-5所示。

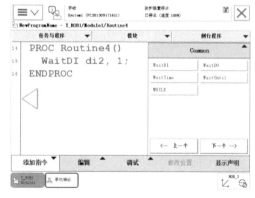

图 2-2-4　WaitDI 数字输入信号判断指令的应用

在程序执行此指令时，始终等待 do1 的值为 1，如果 do1 的值为 1，则程序继续往下执行；如果到达最大等待时间 300s（此时间可根据实际进行设定）以后，do1 的值还不为 1，则机器人报警或进入出错处理程序。

（5）WaitUntil 信号判断指令

WaitUntil 信号判断指令可用于布尔量、数字量和 I/O 信号值的判断，如果条件到达指令中的设定值，程序继续往下执行，否则就一直等待，除非设置了最大等待时间。WaitUntil 信号判断指令的应用如图 2-2-6 所示。

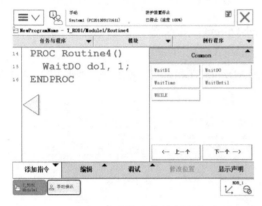

图 2-2-5　WaitDO 数字输出信号判断指令的应用

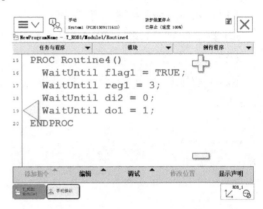

图 2-2-6　WaitUntil 信号判断指令的应用

四、WaiteTime 时间等待指令

WaitTime 时间等待指令用于程序在等待一个指定的时间以后，再继续向下执行。WaitTime 时间等待指令的应用如图 2-2-7 所示，等待 2s 后，程序向下执行 Set do1 指令。

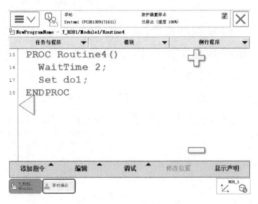

图 2-2-7　WaitTime 时间等待指令的应用

任务实施

一、硬件连接

1. 机器人搬运模型的安装

把图块搬运模型板放置到实训平台上，调整到合适位置，并保证模型板中间用于安装的螺钉孔与实训平台安装孔对应，然后用螺钉将模型板与实训平台锁紧，如图 2-2-8 所示。

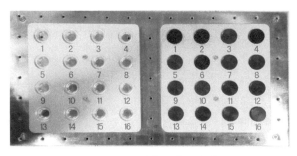

图 2-2-8 图块搬运模型安装

2. 双吸盘夹具的安装（扫二维码观看视频）

首先把双吸盘夹具调整到合适位置（利于机器人运转中吸取），并将夹具安装孔与机器人 J6 轴安装孔位对正，然后用 4 个螺钉将夹具与 J6 轴锁紧；再将气管与夹具吸盘上真空发生器的输入端相连接，如图 2-2-9 所示。

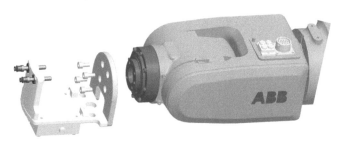

图 2-2-9 双吸盘夹具安装

3. 机器人 I/O 接口线路连接

（1）电气控制板的连接

电气控制板安装在安全护栏上，与工作站内部隔离，是外部操作控制机器人的平台，如图 2-2-10 所示。它配置有 PLC、开关电源、中间继电器、交流接触器、断路器、急停按钮、电源开关、控制输入钮子开关、LED 信号输出指示灯等元件，主要对工作站进行电源控制、机器人外部信号的关联控制等，可根据相关电路图进行安装接线。以 ABB IRC5 型紧凑新型机器人控制器为例，机器人基本工作站 24V 电源与信号接线如图 2-2-11 所示。

图 2-2-10 电气控制板

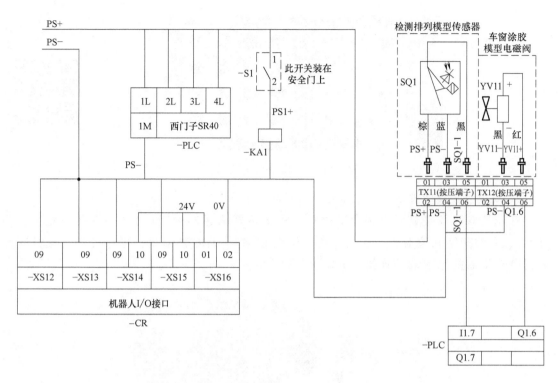

图 2-2-11　工作站 24V 电源与信号接线图

（2）PLC 的 I/O 接口电气线路连接

PLC 的 I/O 接口电气线路如图 2-2-12 所示，根据有关电气标准进行安装接线。

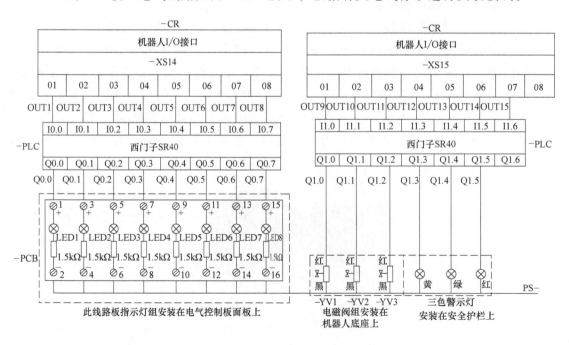

图 2-2-12　PLC 的 I/O 接口接线图

（3）机器人 I/O 接口的接线

基本工作站机器人输入、输出接口电气线路图如图 2-2-13、图 2-2-14 所示，读懂电路图，按照有关电气标准规范接线。

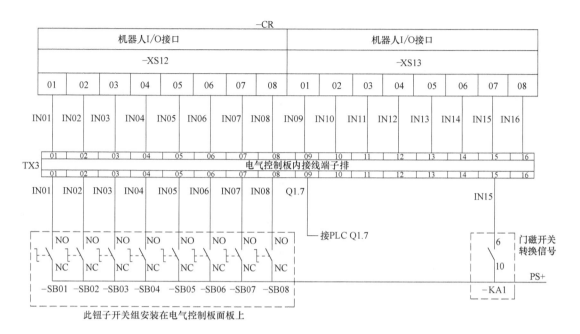

图 2-2-13　机器人输入接口电气线路图

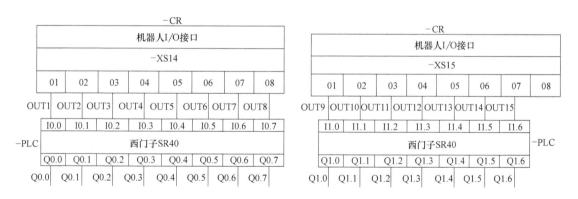

图 2-2-14　机器人输出接口电气线路图

二、设定机器人工具坐标和工作台的工件坐标

1）在"新建工件坐标"窗口，使用"4 点加 X、Z 方向"方法进行工具坐标的设定。

2）在示教器"新建工具坐标"窗口，"用户方法"选定为"3 点"进行工具坐标的设定。

三、程序编写及调试

1. 制定工艺流程

复位→从物料底盘 A 吸取物料并提升→放到物料底盘 B 同样位置并提升→复位→从物料底盘 B 吸取物料并提升→放到物料底盘 A 同样位置并提升→复位。

2. 规划机器人目标点（见图 2-2-15）

规划机器人程序中的其他点位，可利用位置偏移功能来确定。

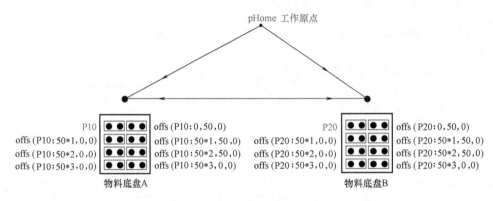

图 2-2-15　机器人目标点规划

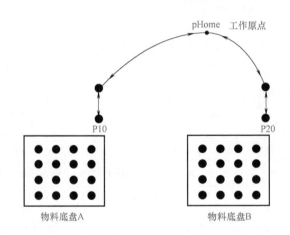

图 2-2-16　机器人目标点

3. 定义机器人的目标点

根据机器人实际运行的位置，新建、定义机器人的程序点，图 2-2-16、表 2-2-2 中定义的机器人目标点可供参考。

表 2-2-2　机器人目标点的定义

序号	点序号	注释	备注
1	pHome	机器人初始位置	需示教
2	P10	物料底盘 A 里吸 1、2 位置	需示教
3	P20	物料底盘 B 里吸 1、2 位置	需示教

4. 机器人程序编写

```
PROC Main( )
    rInitAll( );（初始化子程序）
    AB ( );（物料底盘 A 到物料底盘 B 程序）
    BA ( );（物料底盘 B 到物料底盘 A 程序）
    ENDPROC
```

下面具体介绍各个子程序以及子程序中所调用的功能子程序。

1）初始化子程序，具体程序如下。

```
PROC rInitAll( )
    AccSet   100,100;
    VelSet   100,500;
    Reset   DO10;        //复位电磁阀
    Reset   DO11;        // 复位电磁阀
    reg1 = 1;
    reg2 = 1;
    rHome;                    //机器人回归原点
    ENDPROC
```

初始原点子程序：

```
PROC rHome( )
    MoveJ   phome, v200,fine ,tool0;
    ENDPROC
```

2）物料底盘 A 到物料底盘 B 的子程序。

```
PROC AB( )
    MoveJ   offs( P10, 0,0,50),v200,z50 ,tool0;
    MoveL   P10,v50,fine,tool0;
    Xq;                                //调用吸盘工作程序放置物料块
    MoveL   offs( P10, 0,0,50),v200,z50 ,tool0;
    MoveJ   offs( P20, 0,0,50),v200,z50 ,tool0;
    MoveL   P20,v50,fine,tool0
    Fq;                                //调用吸盘工作程序,放置物料块
    WHILE   reg1<4   and   reg2 =1 DO
        MoveJ   offs( P10,50 * reg1,0,50),v200,z50,tool0; //吸盘移动到 A 盘物料块上方
        MoveL   offs( P10,50 * reg1,0,0),v50,fine,tool0;//吸盘缓慢下降至 A 盘物料块吸取点
        Xq;
        MoveL   offs( P10, 50 * reg1,0,50),v200,z50 ,tool0;//吸盘上升到 A 盘物料块上方
        MoveJ   offs( P20, 50 * reg1,0,50),v200,z50 ,tool0;//吸盘移动到 B 盘物料块上方
        MoveL   offs( P20, 50 * reg1,0,0),v50,fine,tool0;//吸盘缓慢下降至 B 盘物料块放置点
        Fq;                                //调用吸盘停止程序
        MoveL offs ( P20,50 * reg1,0,50),v200,z50,tool0;
```

```
          reg1 = reg1+1;
      ENDWHILE
      reg2 = reg2+1;
      reg1 = 1;
       WHILE   reg1<4   and   reg=2   DO
          MoveJ   offs( P10, 50 * reg1,100,50) ,v200,z50 ,tool0;
          MoveL   offs( P10,50 * reg1,100,0) ,v50,fine,tool0;
          Xq;
          MoveL   offs( P10, 50 * reg1,100,50) ,v200,z50 ,tool0;
          MoveJ   offs( P20, 50 * reg1,100,50) ,v200,z50 ,tool0;
          MoveL   offs( P20, 50 * reg1,100,0) ,v50,fine,tool0
          Fq;
          MoveL offs( P20,50 * reg1,100,50) ,v200,z50 ,tool0;
          reg1 = reg1+1
       ENDWHILE
       rHome;
   ENDPROC
```

3）物料底盘 B 到物料底盘 A 的子程序。

```
PROC BA( )
        reg1 = 1;
        reg2 = 1;
     MoveJ   offs( P20, 0,0,50) ,v200,z50 ,tool0;
     MoveL   p20,v50,fine,tool0;
     Xq;
     MoveL   offs( P20, 0,0,50) ,v200,z50 ,tool0;
     MoveJ   offs( P10, 0,0,50) ,v200,z50 ,tool0;
     MoveL   p10,v50,fine,tool0
     Fq;
     WHILE   reg1<4   and   reg2=1 DO
       MoveJ   offs( P20,50 * reg1,0,50) ,v200,z50 ,tool0;
       MoveL   offs( P20,50 * reg1,0,0) ,v50,fine,tool0;
       Xq;
       MoveL   offs( P20, 50 * reg1,0,50) ,v200,z50 ,tool0;
       MoveJ   offs( P10, 50 * reg1,0,50) ,v200,z50 ,tool0;
       MoveL   offs( P10, 50 * reg1,0,0) ,v50,fine,tool0
       Fq;
       MoveL offs ( P10,50 * reg1,0,50) ,v200,z50 ,tool0;
       reg1 = reg1+1;
       ENDWHILE
        reg2 = reg2+1;
        reg1 = 1;
       WHILE reg1<4   and   reg2=2   DO
```

```
        MoveJ   offs(P20, 50 * reg1 ,100,50),v200,z50 ,tool0;
        MoveL   offs(P20,50 * reg1,100,0),v50,fine,tool0;
        Xq;
        MoveL   offs(P20, 50 * reg1,100,50),v200,z50 ,tool0;
        MoveJ   offs(P10, 50 * reg1,100,50),v200,z50 ,tool0;
        MoveL   offs(P10, 50 * reg1,100,0),v50,fine,tool0;
        Fq;
        MaveL offs(P10,50 * reg1,100,50),v200,z50,tool0;
        reg1 = reg1+1;
      ENDWHILE
      rHome;
    ENDPROC
```

4）吸盘工作子程序：

```
PROC Xq ( )                //吸取物料块子程序
    Set do10;
    Set do11;
    Waittime 0.5;
  ENDPROC
  PROC Fq ( )              //放置物料块子程序
  Reset do10;
  Reset do11;
  Waittime 0.5;
ENDPROC
```

如果利用 For 循环指令来编写搬运程序，可简化程序结构和内容，使整体程序精简。具体的机器人图块搬运简化程序示例如下：

```
PROC BY()
        MoveJ P0, v1000, z0, MyTool;
        FOR j FROM 0 TO 3 DO
           FOR k FROM 0 TO 3 DO
              MoveJ Offs(P10,j * 50,k * 50,50), v1000, z0, MyTool;
              MoveL Offs(P10,j * 50,k * 50,0), v20, fine, MyTool;
              Set do1;
              WaitTime 1;
              MoveL Offs(P10,j * 50,k * 50,50), v1000, z0, MyTool;
              MoveJ Offs(P20,j * 50,k * 50,50), v1000, z0, MyTool;
              MoveL Offs(P20,j * 50,k * 50,0), v20, fine, MyTool;
              Reset do1;
              WaitTime 1;
              MoveL Offs(P20,j * 50,k * 50,50), v1000, z0, MyTool;
           ENDFOR
        ENDFOR
        MoveAbsJ phome\NoEOffs, v1000, z0, MyTool;
ENDPROC
```

5. 机器人程序运行调试

对机器人程进行调试，实训任务功能实现。

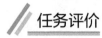任务评价

对任务实施的完成情况进行检查评价，并将结果填入表 2-2-3。

表 2-2-3　任务测评表

序号	主要内容	考核要求	评分标准	配分	扣分	得分
1	模型、吸盘的安装	把图块搬运底盘模型安装到实训平台上；把吸盘夹具安装到机器人 J6 轴上	1. 底盘模型安装位置符合机器人工作区域要求 2. 模型安装平稳牢固 3. 吸盘工具安装方向正确、螺钉安装牢固 若有误，每项扣 2 分	10		
2	气动回路的连接	合理选用各气动元件、正确连接气动回路	1. 正确选择吸盘电磁阀 2. 合理选用气管及连接头型号，连接电磁阀、真空发生器和机器人本体的气路接口 3. 检查气源压力是否符合要求 若有误，每项扣 2 分	10		
3	电气线路的连接	根据任务要求及电气图，正确配置及选择 I/O 信号通道，并连接各 I/O 电气线路	1. 正确统计 I/O 信号通道 2. 根据电气图连接电气线路；在示教器配置窗口，合理分配 I/O 信号地址 3. 操作示教器仿真 I/O 状态，仿真调试吸盘的状态 若有误，每项扣 2 分	20		
4	程序编写	程序编写正确完整，能实现图块搬运功能	1. 程序编写符合任务要求及编写规范，程序数据和例行程序存放在同一程序模块 2. 能够灵活使用逻辑功能指令、I/O 控制指令、运动指令及位置偏移功能编程，物料吸取放置功能完整 若有误，每项扣 5 分	30		
5	程序调试运行	设定参数，手动调试程序，再自动运行程序	1. 参数坐标设定正确、目标点示教准确、吸盘调试正确 2. 调试步骤合理、手动调试和自动运行操作正确 3. 调试结果正确，能实现图块吸取及放置的程序要求 4. 调试结果正确，能实现搬运图块底盘 A-底盘 B 的任务要求 5. 调试结果正确，能实现搬运图块从底盘 B-底盘 A 的复位要求 若有误，每次扣 5 分	20		
6	安全文明生产	劳动保护用品穿戴整齐；正确使用工具；遵守操作规程；讲文明礼貌；操作结束要清理现场	1. 操作中，违反安全文明生产考核要求的任何一项扣 2 分，扣完为止 2. 当发现学生有重大事故隐患时，要立即予以制止，并每次扣安全文明生产总分 5 分，扣完为止	10		
开始时间：			合　计			
结束时间：		测评人签名：			测评结果	

技能拓展

根据本任务所学技能，以小组讨论的方式，完成以下任务：

1）改变搬运模型，换成多种图形的物料块模型，如图 2-2-17 所示，完成如下模型的机器人程序编写、点位示教以及程序调试与运行操作。

2）斜面模型安装及搬运程序编写调试。先把模型板安装到斜面支撑面上，然后把模型板和斜面支撑一起安装到实训平台上；如图 2-2-18 所示，然后完成机器人程序编写、点位示教以及程序调试与运行操作。

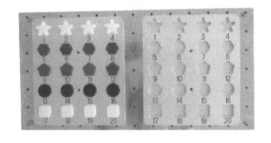

图 2-2-17　多种图形物料块的搬运模型

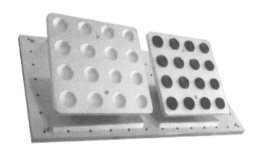

图 2-2-18　斜面搬运模型

任务三　　工业机器人物料码垛任务编程与操作

学习目标

1. 会安装机器人的码垛夹具和模型，并正确连接码垛夹具的气动回路；

2. 能够通过示教器判断机器人的 I/O 信号及状态；

3. 会规划机器人码垛任务的路径、创建码垛所用的程序数据，并能准确示教机器人的目标点；

4. 能够编写机器人的码垛程序，并调试运行程序，实现物料码垛任务；

5. 具备团队合作能力，对任务完成过程中出现的问题，能够协商分析和解决。

任务描述 （扫二维码观看视频）

有一个物料底盘和一个码垛底盘，物料底盘上有若干物料，要求工业机器人先将物料底盘中的物料码垛到码垛底盘中，码垛层数和每层的物料个数自由设定，然后再将码垛好的物料搬回到物料底盘原来的位置。物料码垛模型如图 2-3-1 所示。

要求安装好相应夹具，连接好气动回路，然后编写机器人程序，并调试运行程序，实现物料码垛任务。任务完成后清理现场，对机器人码垛模型、夹具及工具等分类存放。

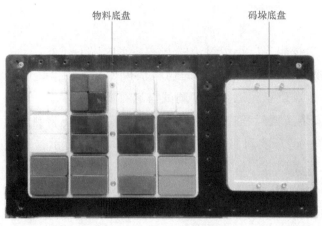

图 2-3-1　零件码垛模型

 知识准备

一、机器人常用基本指令

机器人基本运动指令、赋值指令、位置偏移功能的用法，请参照项目一任务五中程序指令的相关内容；条件逻辑判断指令、例行程序调用指令、I/O 控制指令、时间等待指令的应用，请参照项目二任务二程序指令的相关内容。

二、机器人 I/O 信号的分配（见表 2-3-1）

表 2-3-1　机器人 I/O 信号分配表

序号	机器人 I/O	对应的外部信号	备注	序号	机器人 I/O	对应的外部信号	备注
1	di1	SB01 手动控制信号		17	do1	PLC 的 I0.0 的输入信号	
2	di2	SB02 手动控制信号		18	do2	PLC 的 I0.1 的输入信号	
3	di3	SB03 手动控制信号		19	do3	PLC 的 I0.2 的输入信号	
4	di4	SB04 手动控制信号		20	do4	PLC 的 I0.3 的输入信号	
5	di5	SB05 手动控制信号		21	do5	PLC 的 I0.4 的输入信号	
6	di6	SB06 手动控制信号		22	do6	PLC 的 I0.5 的输入信号	
7	di7	SB07 手动控制信号		23	do7	PLC 的 I0.6 的输入信号	
8	di8	SB08 手动控制信号		24	do8	PLC 的 I0.7 的输入信号	
9	di9	PLC 的 Q1.7 输出信号		25	do9	PLC 的 I1.0 的输入信号	
10	di10			26	do10	PLC 的 I1.1 的输入信号	
11	di11			27	do11	PLC 的 I1.2 的输入信号	
12	di12			28	do12	PLC 的 I1.3 的输入信号	
13	di13			29	do13	PLC 的 I1.4 的输入信号	
14	di14			30	do14	PLC 的 I1.5 的输入信号	
15	di15	门磁开关转换信号		31	do15	PLC 的 I1.6 的输入信号	
16	di16			32	do16	PLC 的 I1.7 的输入信号	

三、PLC I/O 分配表（见表 2-3-2）

表 2-3-2 PLC I/O 分配表

序号	PLC I/O	与机器人对应 I/O	功能描述	序号	PLC I/O	与机器人对应 I/O	功能描述
1	I0.0	机器人 Q01 输出信号		16	Q0.0		控制 PCB1 的 LED1
2	I0.1	机器人 Q02 输出信号		17	Q0.1		控制 PCB1 的 LED2
3	I0.2	机器人 Q03 输出信号		18	Q0.2		控制 PCB1 的 LED3
4	I0.3	机器人 Q04 输出信号		19	Q0.3		控制 PCB1 的 LED4
5	I0.4	机器人 Q05 输出信号		20	Q0.4		控制 PCB1 的 LED5
6	I0.5	机器人 Q06 输出信号		21	Q0.5		控制 PCB1 的 LED6
7	I0.6	机器人 Q07 输出信号		22	Q0.6		控制 PCB1 的 LED7
8	I0.7	机器人 Q08 输出信号		23	Q0.7		控制 PCB1 的 LED8
9	I1.0	机器人 Q09 输出信号		24	Q1.0		控制电磁阀 YV1
10	I1.1	机器人 Q10 输出信号		25	Q1.1		控制电磁阀 YV2
11	I1.2	机器人 Q11 输出信号		26	Q1.2		控制电磁阀 YV3
12	I1.3	机器人 Q12 输出信号		27	Q1.3		控制三色警示灯（黄灯）
13	I1.4	机器人 Q13 输出信号		28	Q1.4		控制三色警示灯（绿灯）
14	I1.5	机器人 Q14 输出信号		29	Q1.5		控制三色警示灯（红灯）
15	I1.6	机器人 Q15 输出信号					

任务实施

一、硬件连接（扫二维码观看视频）

1. 安装机器人码垛模型

把码垛模型板放置到实训平台上，调整到合适位置，并保证模型板中间用于安装的螺钉孔与实训平台安装孔对应，然后用螺钉把模型板锁紧到实训平台上，如图 2-3-2 所示。

2. 安装双吸盘夹具

此任务采用双吸盘夹具，首先把双吸盘夹具调整到合适位置（利于机器人运转中吸取），并把夹具安装孔与机器人 J6 轴安装孔位对正，然后用 4 个螺钉将夹具与 J6 轴锁紧；再将气管与夹具吸盘上真空发生器的输入端连接，如图 2-3-3 所示。

图 2-3-2 码垛模型安装

3. 电气控制板的连接

电气控制板的连接、PLC I/O 分
配表、机器人 I/O 信号分配表，请参
照项目二任务二以及本任务知识准备
的相关内容。

图 2-3-3　双吸盘夹具安装

二、程序编写及调试

1. 制定工艺流程

复位→从物料底盘吸取物料并提
升→放到码垛底盘并提升→复位→从码垛底盘吸取物料并提升→放到物料底盘并提升→
复位。

2. 规划机器人运行轨迹

根据模型布局，码垛宽度为 61mm，物料尺寸是 30mm×60mm，靠近的两个物料可以
通过位置偏移来计算目标点，如图 2-3-4、图 2-3-5、图 2-3-6 为机器人的运动轨迹规划
图，可供参考。

3. 定义机器人的目标点

根据机器人实际运行的位置，定义机器人的目标点，图 2-3-7、表 2-3-3 可供参考。

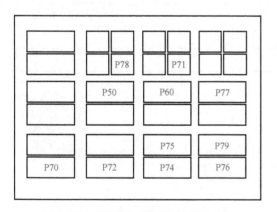

图 2-3-4　码垛搬运模型物料底盘点位

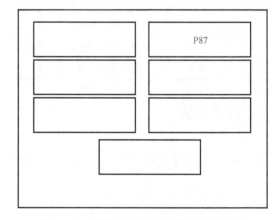

图 2-3-5　码垛搬运模型码垛底盘第一层

表 2-3-3　机器人目标点的定义

序号	点序号	注释	备注
1	P100	机器人初始位置	需示教
2	P1	机器人计算用点	程序中定义
3	P20	备用	
4	P21	机器人 X 方向上偏移 30mm	程序中定义
5	P22	机器人 X 方向上偏移 60mm	程序中定义
6	P23	机器人 X 方向上偏移 32mm	程序中定义

（续）

序号	点序号	注释	备注
7	P24	备用	
8	P25	机器人 Y 方向上偏移 60.5mm	程序中定义
9	P26	备用	
10	P27	机器人 Z 方向上偏移 50mm	程序中定义
11	P28	机器人 Z 方向上偏移 100mm	程序中定义
12	P59	物料底盘点	需示教
13	P60	物料底盘点	需示教
14	P77	物料底盘点	需示教
15	P79	物料底盘点	需示教
18	P87	码垛底盘第一层	需示教
19	P89	码垛底盘第一层	需示教
20	P74	物料底盘点	需示教
21	P75	物料底盘点	需示教
22	P76	物料底盘点	需示教
23	P78	物料底盘点	需示教
24	P84	码垛底盘第二层	需示教
25	P85	码垛底盘第二层	需示教
26	P86	码垛底盘第二层	需示教
27	P88	码垛底盘第二层	需示教
28	P72	物料底盘点	需示教
29	P82	码垛底盘第三层	需示教
30	P70	物料底盘点	需示教
31	P80	码垛底盘第四层	需示教
32	P71	物料底盘点	需示教
33	P81	码垛底盘第五层	需示教

4. 机器人程序编写

```
PROC MAIN()
    rInitAll();//初始化程序
    MD();//物料底盘到码垛底盘程序
    JD();//码垛底盘到物料底盘程序
    ENDPROC
```

在这个模型运用到的指令、编程方式与前面图块搬运模型一致，详细程序可以参考图块搬运模型的程序。

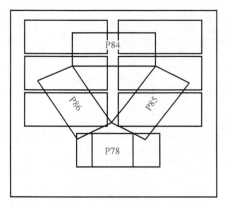

图 2-3-6　码垛搬运模型码垛底盘第二层

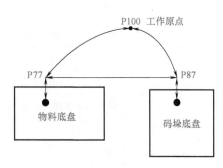

图 2-3-7　机器人定义目标点示意图

5. 机器人程序调试运行

对机器人程序进行调试，实现码垛功能。

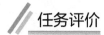 任务评价

对任务实施的完成情况进行检查评价，并将结果填入表 2-3-4。

表 2-3-4　任务测评表

序号	主要内容	考核要求	评分标准	配分	扣分	得分
1	模型、吸盘的安装	把物料码垛模型安装到实训平台上；把吸盘夹具安装到机器人 J6 轴上	1. 底盘模型安装位置符合机器人工作区域要求 2. 模型安装平稳牢固 3. 吸盘工具安装方向正确、螺钉安装牢固 若有误，每项扣 2 分	10		
2	气动回路的连接	合理选用各气动元件、正确连接气动回路	1. 正确选择吸盘电磁阀 2. 合理选用气管及连接头型号，连接电磁阀、真空发生器和机器人本体的气路接口 3. 检查气源压力是否符合要求 若有误，每项扣 2 分	10		
3	电气线路的连接	根据任务要求及电气图，正确配置及选择 I/O 信号通道，并连接各 I/O 电气线路	1. 正确统计 I/O 信号通道 2. 根据电气图连接电气线路；在示教器配置窗口，合理分配 I/O 信号地址 3. 操作示教器仿真 I/O 状态，通过 I/O 视图诊断 I/O 信号，仿真调试吸盘的状态 若有误，每项扣 2 分	20		
4	程序编写	程序编写正确完整，能实现物料码垛功能	1. 程序编写符合任务要求及编写规范，程序数据和例行程序存放在同一程序模块 2. 能够灵活使用逻辑功能指令、I/O 控制指令、运动指令及位置偏移功能编程，物料吸取放置功能完整 若有误，每项扣 5 分	30		

（续）

序号	主要内容	考核要求	评分标准	配分	扣分	得分
5	程序调试运行	设定参数,手动调试程序,再自动运行程序	1. 参数坐标设定正确、目标点示教准确、吸盘调试正确 2. 调试步骤合理、手动调试和自动运行操作正确 3. 调试结果正确,能实现物料吸取及放置的程序要求 4. 调试结果正确,能实现物料从物料底盘到码垛底盘的码垛任务要求 5. 调试结果正确,能实现物料从码垛底盘到物料底盘的复位要求 若有误,每次扣5分	20		
6	安全文明生产	劳动保护用品穿戴整齐;正确使用工具;遵守操作规程;讲文明礼貌;操作结束要清理现场	1. 操作中,违反安全文明生产考核要求的任何一项扣2分,扣完为止 2. 当发现学生有重大事故隐患时,要立即予以制止,并每次扣安全文明生产总分5分,扣完为止	10		
开始时间:			合计			
结束时间:		测评人签名:		测评结果		

技能拓展

根据本任务所学技能，以小组讨论的方式，改变码垛图形如图 2-3-8 所示，完成机器人点位示教、程序编写以及调试与运行操作。

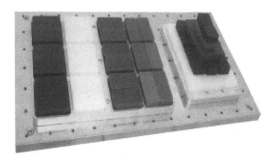

图 2-3-8　码垛搬运模型码垛图形

任务四　工业机器人工件装配任务编程与操作

学习目标

1. 会安装机器人工件装配夹具和模型，能够通过示教器判断机器人的 I/O 接口状态，并正确连接装配夹具的气动回路；

2. 安装过程中能够合理选用工具;

3. 会规划机器人的移动路径、准确示教目标点，能够编写机器人工件装配程序，并调试运行程序，实现工件装配任务;

4. 具备团队合作能力，对任务完成过程中出现的问题，能够协商分析和解决。

任务描述 （扫二维码观看视频）

本任务有两个支架模型，一个是排列支架，另一个是组装支架。要求机器人把排列支架上的大小工件装配到组装支架上，完成组装过程后，再将组装支架上的大小工件拆解，搬回到排列支架上原来位置。工件装配模型如图 2-4-1 所示，

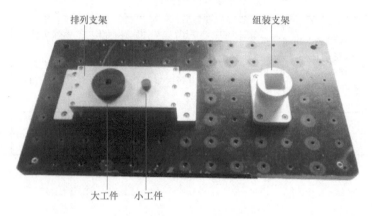

图 2-4-1　工件装配模型

知识准备

1）机器人基本运动指令、赋值指令、位置偏移功能的用法，请参照项目一任务五里程序指令的相关内容。

2）条件逻辑判断指令、例行程序调用指令、I/O 控制指令、时间等待指令的应用，请参照项目二任务二里程序指令的相关内容。

任务实施

一、硬件连接

1. 安装机器人工件装配模型

首先把排列支架与组装支架放置到实训平台的合适位置，并保持安装螺钉孔与实训平台固定螺钉孔对应，并用螺钉将其锁紧。然后，将大、小工件放置在排列支架上，如图 2-4-2 所示。

2. 安装抓手吸盘夹具

工件装配模型可采用双吸盘夹具，也可采用抓手吸盘夹具。双吸盘夹具的安装同实

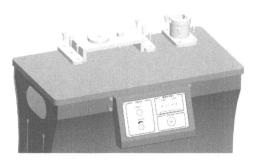

图 2-4-2　工件装配模型的安装示意图

训任务三；抓手吸盘夹具的安装：首先把夹具调整到合适位置并把安装螺钉孔与机器人 J6 轴法兰安装孔对应，然后用螺钉锁紧，最后将气管与夹具上真空发生器及抓手气缸连接，如图 2-4-3 所示。

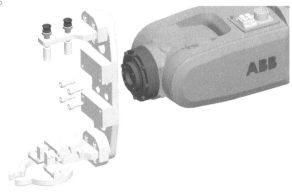

图 2-4-3　抓手吸盘夹具的安装示意图

3. 电气控制板的连接

电气控制板的连接、PLC I/O 分配表、机器人 I/O 信号分配表，请参照项目二任务二的相关内容。

二、程序编写及调试

1. 制定工艺流程图

上电启动→初始化→开始组装：从排列支架取大工件，装配到组装支架大工件位→从排列支架取小工件，装配到组装支架小工件位→复位→开始拆解：从组装支架取小工件，放到排列支架小工件位→从组装支架取大工件，放到排列支架大工件位→复位。制定工件装配工艺流程如图 2-4-4 所示。

2. 规划编程思路

第一步，观察工件装配模型的工作流程，结果如下：

1）夹具从原点移动到排列支架取大工件上方合适距离，然后从排列支架上夹住大工件，提升合适距离。

2）将大工件移动到组装支架放置位置的正上方合适距

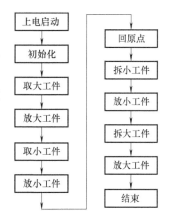

图 2-4-4　工件装配工艺流程图

离，然后移动到放置位置，再松开夹具，提升合适距离。

3）夹具运动到排列支架取小工件上方合适距离，然后从排列支架上夹住小工件，提升合适距离。

4）将小工件移动到组装支架放置位置的正上方合适距离，然后移动到放置位置，松开夹具，提升合适距离。

5）回到工作原点。

6）夹具运动到组装支架取小工件上方合适距离，然后从组装支架上夹住小工件，再提升合适距离。

7）将小工件移动到排列支架放置位置的正上方合适距离，然后移动到放置位置，再松开夹具，提升合适距离。

8）夹具运动到组装支架取大工件上方合适距离，然后从组装支架上夹住大工件，再提升合适距离。

9）将大工件移动到排列支架放置位置的正上方合适距离，然后移动到放置位置，再松开夹具，提升合适距离。

10）回到工作原点。

第二步，设计程序的整体框架。

根据观察此模型工作流程的特点，有很多的重复动作及点位。

子程序命名：

（1）组装子程序"ZZ"

（2）拆解子程序"CJ"

（3）夹具夹紧子程序"JJ"

（4）夹具松开子程序"SK"

第三步，定义机器人目标点。表 2-4-1 中定义的目标点仅供参考。

表 2-4-1　机器人目标点

序号	点序号	注释	备注
1	pHome	机器人初始位置	需示教
2	P10-50	排列支架上大工件位置上方 50mm	程序中定义
3	P10	排列支架上大工件位置	需示教
4	P11-50	组装支架上大工件位置上方 50mm	程序中定义
5	P11	组装支架上大工件位置	需示教
6	P20-50	排列支架上小工件位置上方 50mm	程序中定义
7	P20	排列支架上小工件位置	需示教
8	P21-50	组装支架上小工件位置上方 50mm	程序中定义
9	P21	组装支架上小工件位置	需示教
10	P30	排列支架中间点	需示教
11	P40,P50	组装支架中间点	需示教

第四步,画出机器人目标点示意图,如图 2-4-5 所示。

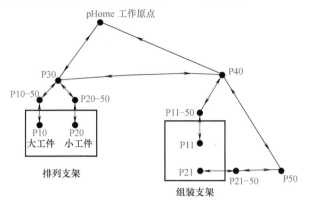

图 2-4-5 机器人目标点示意图

3. 编写机器人程序 (如下程序供参考)

```
PROC MAIN( )
    rInitAll( );  //初始化子程序
    ZZ ( );  //组装子程序
    CJ ( );  //拆解子程序
ENDPROC
```

下面具体介绍各个子程序以及子程序中所调用的功能子程序。

1) 初始化子程序,具体程序如下。

```
PROC rInitAll( )
    AccSet   100,100;
    VelSet   100,5000;
    Reset    DO10-1;        //复位电磁阀,大工件夹具松开
    Reset    DO10-2;        // 复位电磁阀,小工件夹具松开
    rHome;                  //机器人回归原点
ENDPROC
```

初始化子程序又调用了回原点子程序,具体程序如下:

```
PROC rHome( )
    MoveJ   phome, v500,fine ,tool0;
ENDPROC
```

2) 组装子程序。

```
PROC ZZ( )
    MoveJ  P30,v500,fine,tool0;              //机器人移到排列支架中间点
    MoveJ  offs(P10, 0,0,50),v500,z50,tool0; //移到排列支架上大工件位置上方 50mm
    MoveL  P10,v50,fine,tool0;               //吸盘缓慢下降至大工件位置
    JJ;                                      //调用夹具夹紧子程序,夹紧工件
    MoveL  offs(P10, 0,0,50),v500,z50,tool0; //返回放置点上方
```

```
        MoveJ  P40,v500,fine,tool0;              //移到组装支架中间点
        MoveJ  offs(P11, 0,0,50),v500,z50,tool0;  //移到组装支架上大工件位置上方 50mm
        MoveL  P11,v50,z50,tool0;        //缓慢下降至组装支架上大工件位置
         SK;                             //调用夹具松开子程序,松开工件
        MoveL  offs(P11, 0,0,50),v50,z50 ,tool0;  //移到组装支架上大工件位置上方 50mm
        MoveJ  P40,v500,fine,tool0;              //移到组装支架中间点
        MoveJ  P30,v500,fine,tool0;              //机器人移到排列支架中间点
        MoveJ  offs(P20, 0,0,50),v500,z50 ,tool0  //移到排列支架上小工件位置上方 50mm
        MoveL  P20,v50,fine,tool0;          //吸盘缓慢下降至小工件位置
        JJ;                             //调用夹具夹紧子程序,夹紧工件
        MoveL  offs(P20, 0,0,50),v50,z50 ,tool0;  //返回放置点上方
        MoveJ  P40,v500,fine,tool0;              //移到组装支架中间点
        MoveJ  P50,v500,fine,tool0;              //移到组装支架中间点
        MoveJ  offs(P21, 0,0,50),v500,z50 ,tool0;  //移到组装支架上小工件位置右方 50mm
        MoveL  P21,v50,z50,tool0;          //缓慢移至组装支架上小工件位置
         SK ;                            //调用夹具松开子程序,松开工件
        MoveL  offs(P21, 0,0,50),v50,z50 ,tool0;  //移到组装支架上小工件位置右方 50mm
        MoveJ  P50,v500,fine,tool0;              //移到组装支架中间点
        MoveJ  P40,v500,fine,tool0;              //移到组装支架中间点
        rHome;//回原点
     ENDPROC
     PROC  JJ()              //夹具夹紧子程序
       Set DO10-1;
       Reset DO10-2;
       WaitTime 0. 3;
     ENDPROC
     PROC  SK()             //夹具松开子程序
       Reset DO10-1;
       Set DO10-2;
       WaitTime 0. 3;
     ENDPROC
```

3）拆解子程序。

```
PROC  CJ()
   MoveJ  P40,v500,fine,tool0;              //移到组装支架中间点
   MoveJ  offs(P11, 0,0,50),v500,z50 ,tool0;  //移到组装支架上大工件位置上方 50mm
   MoveL  P11,v50,z50,tool0;                //缓慢下降至组装支架上大工件位置
   JJ;
   MoveL  offs(P11, 0,0,50),v50,z50 ,tool0;  //返回放置点上方
   MoveJ  P40,v500,fine,tool0;              //移到组装支架中间点
   MoveJ  P30,v500,fine,tool0;              //机器人移到排列支架中间点
```

```
    MoveJ    offs(P10,0,0,50),v500,z50,tool0;  //移到排列支架上大工件位置上方50mm
    MoveL    P10,v50,fine,tool0;                //吸盘缓慢下降至大工件位置
    SK;
    MoveL    offs(P10,0,0,50),v500,z50,tool0;  //移到排列支架上大工件位置上方50mm
    MoveJ    P30,v500,fine,tool0;               //机器人移到排列支架中间点
    MoveJ    P40,v500,fine,tool0;               //移到组装支架中间点
    MoveJ    P50,v500,fine,tool0;               //移到组装支架中间点
    MoveJ    offs(P21,0,0,50),v500,z50,tool0;  //移到组装支架上小工件位置右方50mm
    MoveL    P21,v50,z50,tool0;                 //缓慢移至组装支架上小工件位置
    JJ;
    MoveL    offs(P21,0,0,50),v50,z50,tool0;   //移到组装支架上小工件位置右方50mm
    MoveJ    P50,v500,fine,tool0;               //移到组装支架中间点
    MoveJ    P40,v500,fine,tool0;               //移到组装支架中间点
    MoveJ    P30,v500,fine,tool0;               //机器人移到排列支架中间点
    MoveJ    offs(P20,0,0,50),v500,z50,tool0;  //移到排列支架上小工件位置上方50mm
    MoveL    P20,v50,fine,tool0;                //吸盘缓慢下降至小工件位置
    SK;
    MoveL    offs(P20,0,0,50),v50,z50,tool0;   //返回放置点上方
    MoveJ    P30,v500,fine,tool0;               //机器人移到排列支架中间点
    rHome;//回原点
ENDPROC
```

4. 利用示教点调试程序

对机器人程序进行调试，实现组装拆装任务。

任务评价

对任务实施的完成情况进行检查评价，并将结果填入表2-4-2。

表 2-4-2　任务测评表

序号	主要内容	考核要求	评分标准	配分	扣分	得分
1	模型、吸盘的安装	把工件拆装模型安装到实训平台上；把吸盘夹具安装到机器人J6轴上	1. 工件拆装模型安装位置符合机器人工作区域要求 2. 模型安装平稳牢固 3. 抓手夹具安装方向正确、螺钉安装牢固 若有误，每项扣2分	10		
2	气动回路的连接	合理选用各气动元件、正确连接气动回路	1. 正确选择吸盘电磁阀 2. 合理选用气管及连接头型号，连接抓手夹具和机器人本体的气路接口 3. 检查气源压力是否符合要求 若有误，每项扣2分	10		

（续）

序号	主要内容	考核要求	评分标准	配分	扣分	得分
3	电气线路的连接	根据任务要求及电气图,正确配置及选择 I/O 信号通道,并连接各 I/O 电气线路	1. 正确统计 I/O 信号通道 2. 根据电气图连接电气线路;在示教器配置窗口,合理分配 I/O 信号地址 3. 操作示教器仿真 I/O 状态,通过 I/O 视图诊断 I/O 信号,仿真调试抓手夹具电磁阀的状态 若有误,每项扣 2 分	20		
4	程序编写	程序编写正确完整,能实现工件装配及拆解的功能	1. 程序编写符合任务要求及编写规范,程序数据和例行程序存放在同一程序模块 2. 能够灵活使用逻辑功能指令、I/O 控制指令、运动指令及位置偏移功能编程,物料吸取放置功能完整 若有误,每项扣 5 分	30		
5	程序调试运行	设定参数,手动调试程序,再自动运行程序	1. 参数坐标设定正确、目标点示教准确、抓手工具调试正确 2. 调试步骤合理、手动调试和自动运行操作正确 3. 调试结果正确,能实现大工件抓取的要求 4. 调试结果正确,能实现小工件抓取的要求 5. 调试结果正确,能实现小工件装配到位的要求 6. 调试结果正确,能实现工件拆装复位到位的要求 若有误,每次扣 5 分	20		
6	安全文明生产	劳动保护用品穿戴整齐;正确使用工具;遵守操作规程;讲文明礼貌;操作结束要清理现场	1. 操作中,违反安全文明生产考核要求的任何一项扣 2 分,扣完为止 2. 当发现学生有重大事故隐患时,要立即予以制止,并每次扣安全文明生产总分 5 分,扣完为止	10		
开始时间:			合计			
结束时间:		测评人签名:		测评结果		

技能拓展

根据本任务所学技能,以小组讨论的方式,改变零件组装模型的安装方向和小工件的装配方式,重新编写机器人程序、示教目标点,并调试运行程序。

任务五　工业机器人玻璃涂胶任务编程与操作

学习目标

1. 会安装汽车车窗玻璃涂胶装配夹具和模型,并正确连接装配夹具的气动回路;

2. 能够通过示教器判断机器人的 I/O 信号及外部元件的状态;

3. 会规划机器人的移动路径、创建程序数据，准确示教目标点；

4. 能够编写机器人汽车玻璃涂胶装配程序，并调试运行程序，实现汽车车窗玻璃涂胶装配任务；

5. 具备团队合作能力，对任务完成过程中出现的问题，能够协商分析和解决。

任务描述 （扫二维码观看视频）

汽车车窗涂胶装配模型配套有模拟汽车前窗、天窗、后窗三种不同部位的车窗，还配套有胶枪模型和装配模型。在车窗涂胶装配模型中，要求机器人先对车窗玻璃进行涂胶，再装配到车体上。例如：机器人先去车窗玻璃放置点吸取前窗，吸住前窗后，移动到胶枪涂胶点进行涂胶，把前窗装配到车体上，完成前窗的涂胶装配任务后，接着对模型的天窗、后窗进行涂胶装配。车窗涂胶装配模型如图2-5-1所示。

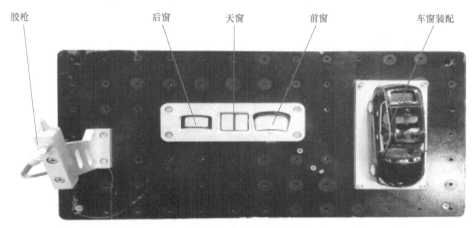

图 2-5-1　车窗涂胶装配模型

要求安装好车窗玻璃涂胶装配模型、玻璃吸盘，连接好气动管路，然后编写程序，调试运行程序，实现车窗玻璃涂胶装配任务。

知识准备

1）机器人基本运动指令、赋值指令、位置偏移功能的用法，请参照项目一任务五里程序指令的相关内容。

2）条件逻辑判断指令、例行程序调用指令、I/O控制指令、时间等待指令的应用请参照项目二任务二里程序指令的相关内容。

任务实施

一、硬件连接

1. 安装汽车玻璃涂胶装配模型（扫二维码观看视频）

1）用螺钉将汽车玻璃涂胶模型的3个铝制组件固定在实训平台上的

合适位置，如图 2-5-2 所示。

2）用 Φ6 气管将涂胶机构气路接入口与面板气路输出口相连接，并调节气源调节阀至合适气压；再把涂胶电磁阀控制线（红色与黑色）接入面板电磁阀按压端子接口，面板布局如图 2-5-3 所示。

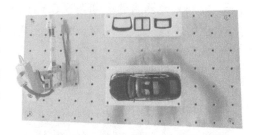

图 2-5-2　汽车玻璃涂胶模型安装

2. 安装双吸盘夹具

双吸盘夹具的安装请参照项目二任务二的相关内容。

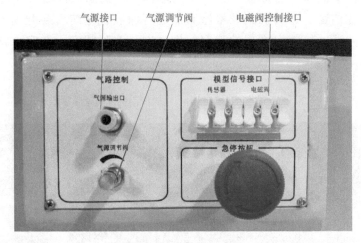

图 2-5-3　面板接口布局

3. 电气线路的连接

电气线路的连接、PLC I/O 分配表、机器人 I/O 信号分配表请参照项目二任务二的相关内容。

二、程序编写及调试

1. 制定工艺流程图（见图 2-5-4）

2. 规划程序设计思路

根据观察此模型工作流程的特点为其工作对象是车的前窗、天窗、后窗；工作过程都是先涂胶，后装配，因此可以设计 3 个分别对应于前窗、天窗、后窗的子程序，只需要在主程序中调用即可。另外，机器人开始工作之前，需要复位；机器人夹具上吸盘工作的开始、停止；胶枪工作的开始、停止都需要对应的子程序控制。

第一步，建立一个程序模块（Module1）。

第二步，新建立一个主程序，可以将其

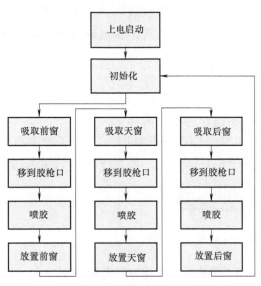

图 2-5-4　车窗玻璃涂胶装配工艺流程图

命名为"TUJIAO-MAIN"。

第三步，建立主程序下的子程序。

（1）初始化子程序　　　　　　　　"rInitAll"

（2）前窗涂胶、装配子程序 "Qian"

（3）天窗涂胶、装配子程序 "Tian"

（4）后窗涂胶、装配子程序 "Hou"

第四步，建立功能子程序。

（1）回原点程序　　"rHome"

（2）吸盘工作程序　"Xq"

（3）吸盘停止程序　"Fq"

（4）胶枪工作程序　"Jq1"

（5）胶枪停止程序　"Jq2"

第五步，确定机器人工作所需要的点位见表 2-5-1（仅供参考），车窗的涂胶点如图 2-5-5 所示（仅供参考）。

表 2-5-1　机器人点位

序号	点代号	注释	备注
1	phome	机器人初始点	需示教
2	P10-50	前窗放置点正上方 50mm 处	程序定义
3	P10	前窗放置点	需示教
4	P11-P16	前窗涂胶点	需示教
5	P17	前窗装配点	需示教
6	P20-50	天窗放置点正上方 50mm 处	程序定义
7	P20	天窗放置点	需示教
8	P21～P26	天窗涂胶点	需示教
9	P27	天窗装配点	需示教
10	P30-50	后窗放置点正上方 50mm 处	程序定义
11	P30	后窗放置点	需示教
12	P31～P36	后窗涂胶点	需示教
13	P37	后窗装配点	需示教
14	P40	涂胶中间点	需示教
15	P50	装配中间点	需示教

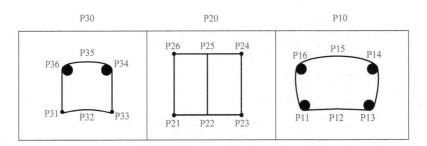

图 2-5-5　车窗的涂胶点

3. 车窗涂胶装配模型程序的编写（以下步骤供参考）

1）主程序中，需要一个初始化子程序；前窗涂胶、装配子程序；天窗涂胶、装配子程序；后窗涂胶、装配子程序，可以运用"ProcCall"指令，把所需的子程序调用进来。

具体程序如下：

```
PROC TUJIAO-MAIN ( )
      rInitAll ( );  //初始化子程序
      Qian ( );  //前窗涂胶、装配子程序
      Tian ( );  //天窗涂胶、装配子程序
      Hou ( );  //后窗涂胶、装配子程序
   ENDPROC
```

下面具体介绍各个子程序以及子程序中所调用的功能子程序。

2）初始化子程序。

```
PROC rInitAll ( )
      AccSet  100, 100;
      VelSet  100, 5000;
      Reset  DO10-1;        //复位电磁阀，吸盘1切断气源
      Reset  DO10-2;        //复位电磁阀，吸盘2切断气源
      Reset  DO10-3;        //复位电磁阀，胶枪停止工作
      rHome;               //机器人回归原点
   ENDPROC
```

初始化子程序又调用了回原点子程序：

```
PROC rHome( )
      MoveJ  phome, v500,fine ,tool0;
   ENDPROC
```

3）前窗涂胶装配子程序。首先我们先了解前窗的工作流程如图 2-5-6 所示，以及机器人目标点示意图如图 2-5-7 所示。

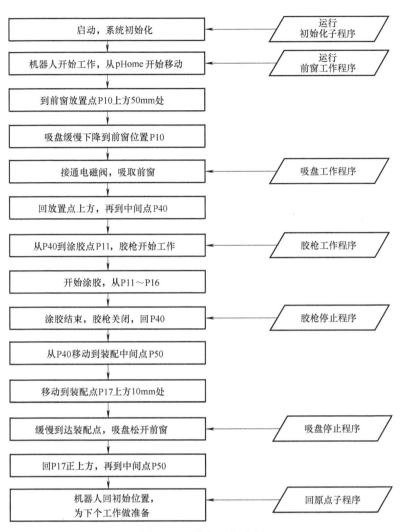

图 2-5-6　前窗工作流程

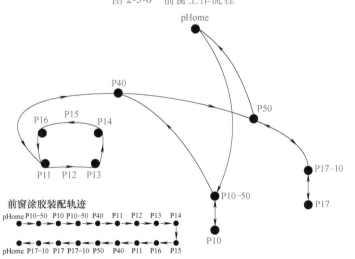

图 2-5-7　前窗机器人目标点示意图

根据上面的流程图以及跑点图，编写前窗涂胶、装配子程序如下：

```
PROC Qian( )
    MoveJ   offs(P10, 0,0,50),v500,z50 ,tool0; //机器人移动到前窗放置点上方50mm处
    MoveL   P10,v50,fine,tool0;              //吸盘缓慢下降至前窗放置点
    Xq;                                      //调用吸盘工作程序,吸住前窗
    MoveL   offs(P10, 0,0,50),v500,z50 ,tool0;  //返回放置点上方
    MoveJ   P40,v500,z50,tool0;              //移动到涂胶中间点P40处
    MoveJ   P11,v200,z50,tool0;              //P11为前窗开始涂胶点
    Jq1;                                     //调用胶枪工作程序,开始涂胶
    MoveJ   P12,v200,z50,tool0;              //P12、P13、P14、P15、P16为涂胶点
    MoveJ   P13,v200,z50,tool0;
    MoveJ   P13,v200,z50,tool0;
    MoveJ   P14,v200,z50,tool0;
    MoveJ   P15,v200,z50,tool0;
    MoveJ   P16,v200,z50,tool0;
    MoveJ   P11,v200,z50,tool0;
    Jq2;                                     //调用胶枪停止程序,涂胶结束
    MoveJ   P40,v500,z50,tool0;              //回到P40中间点
    MoveJ   P50,v500,z50,t;                  //移动到装配中间点P50
    MoveJ   offs(P17, 0,0,10),v100,z50 ,tool0;  //移动到前窗装配点上方
    MoveL   P17,v50,fine,tool0;
    Fq;                                      //调用吸盘停止工作子程序
    MoveJ   P50,v100,z50,tool0;
    rHome;                                   //回到初始位置
ENDPROC
```

下面具体介绍子程序所调用的功能子程序。

```
PROC   Xq ( )                        //吸盘工作程序
    Set DO10-1;
    Set DO10-2;
    WaitTime 0. 3;
ENDPROC
PROC   Fq ( )                        //吸盘停止程序
    Reset DO10-1;
    Reset DO10-2;
ENDPROC
PROC   Jq1 ( )                       //胶枪工作程序
    Set   DO10-3;
ENDPROC
PROC   Jq2 ( )                       //胶枪停止程序
    Reset DO10-3;
ENDPROC
```

4）天窗涂胶装配子程序。首先我们先了解天窗的工作流程如图 2-5-8 所示，以及机器人目标点示意图如图 2-5-9 所示。

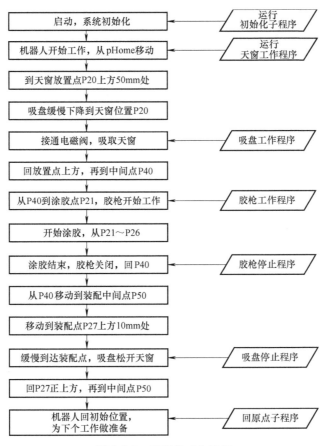

图 2-5-8　天窗的工作流程

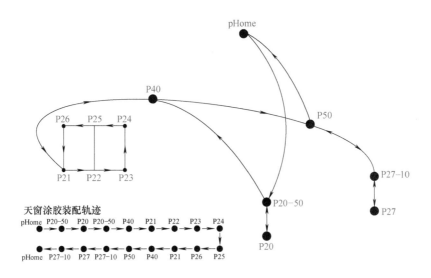

图 2-5-9　天窗机器人目标点示意图

根据上面的流程图以及跑点图，编写天窗涂胶、装配子程序如下：

```
PROC Qian()
    MoveJ  offs(P10, 0,0,50),v500,z50,tool0;//机器人移动到天窗放置点上方50mm处
    MoveL  P20,v50,fine,tool0;            //吸盘缓慢下降至天窗放置点
    Xq;                                   //调用吸盘工作程序,吸住天窗
    MoveL  offs(P20, 0,0,50),v500,z50,tool0;  //返回放置点上方
    MoveJ  P40,v500,z50,tool0;            //移动到涂胶中间点P40处
    MoveJ  P21,v200,z50,tool0;            //P21为天窗开始涂胶点
    Jq1;                                  //调用胶枪工作程序,开始涂胶
    MoveJ  P22,v200,z50,tool0;            //P22、P23、P24、P25、P26为涂胶点
    MoveJ  P23,v200,z50,tool0;
    MoveJ  P23,v200,z50,tool0;
    MoveJ  P24,v200,z50,tool0;
    MoveJ  P25,v200,z50,tool0;
    MoveJ  P26,v200,z50,tool0;
    MoveJ  P21,v200,z50,tool0;
    Jq2;                                  //调用胶枪停止程序,涂胶结束
    MoveJ  P40,v500,z50,tool0;            //回到P40中间点
    MoveJ  P50,v500,z50,t                 //移动到装配中间点P50
    MoveJ  offs(P27, 0,0,10),v100,z50,tool0;  //移动到天窗装配点上方
    MoveL  P27,v50,fine,tool0;
    Fq;                                   //调用吸盘停止工作子程序
    MoveJ  P50,v100,z50,tool0            //回到装配中间点P50
    rHome;                                //回到初始位置
ENDPROC
```

5）后窗涂胶装配子程序。首先我们先了解后窗的工作流程如图2-5-10所示，以及机器人目标点示意图如图2-5-11所示。

根据上面的流程图以及跑点图，编写后窗涂胶、装配子程序如下：

```
PROC Hou()
    MoveJ  offs(P30, 0,0,50),v500,z50,tool0;//机器人移动到后窗放置点上方50mm处
    MoveL  P30,v50,fine,tool0;            //吸盘缓慢下降至后窗放置点
    Xq;                                   //调用吸盘工作程序,吸住后窗
    MoveL  offs(P30, 0,0,50),v500,z50,tool0;  //返回放置点上方
    MoveJ  P40,v500,z50,tool0;            //移动到涂胶中间点P40处
    MoveJ  P31,v200,z50,tool0;            //P31为后窗开始涂胶点
    Jq1;                                  //调用胶枪工作程序,开始涂胶
    MoveJ  P32,v200,z50,tool0;            //P32、P33、P34、P35、P36为涂胶点
    MoveJ  P33,v200,z50,tool0;
    MoveJ  P33,v200,z50,tool0;
    MoveJ  P34,v200,z50,tool0;
```

```
    MoveJ   P35,v200,z50,tool0;
    MoveJ   P36,v200,z50,tool0;
    MoveJ   P31,v200,z50,tool0;
    Jq2;                                   //调用胶枪停止程序,涂胶结束
    MoveJ   P40,v500,z50,tool0;            //回到 P40 中间点
    MoveJ   P50,v500,z50,t                 //移动到装配中间点 P50
    MoveJ   offs(P37,0,0,10),v100,z50,tool0;   //移动到后窗装配点上方
    MoveL   P37,v50,fine,tool0;
    Fq;                                    //调用吸盘停止工作子程序
    MoveJ   P50,v100,z50,tool0             //
    rHome;                                 //回到初始位置
ENDPROC
```

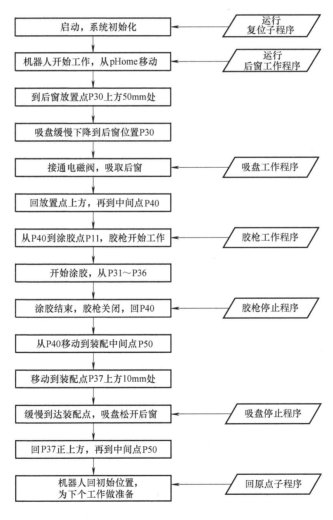

图 2-5-10　后窗的工作流程

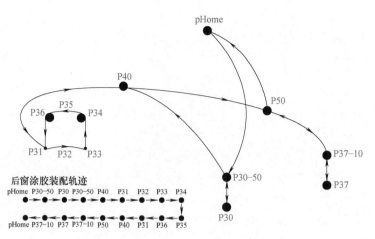

图 2-5-11 后窗的机器人目标点示意图

4. 示教点

调试运行程序对机器人程序进行调试，完成任务。

任务评价

对任务实施的完成情况进行检查评价，并将结果填入表 2-5-2。

表 2-5-2 任务测评表

序号	主要内容	考核要求	评分标准	配分	扣分	得分
1	模型、吸盘的安装	安装车窗玻璃涂胶模型到实训平台上；安装吸盘夹具到机器人末端 J6 轴上	1. 模型安装位置符合机器人工作区域要求 2. 模型安装平稳牢固 3. 吸盘工具安装方向正确、螺钉安装牢固 若有误，每项扣 2 分	10		
2	气动回路的连接	合理选用各气动元件、正确连接气动回路	1. 正确选择吸盘电磁阀 2. 正确选择胶枪电磁阀 3. 合理选用气管及连接头型号，连接真空发生器和机器人本体的气路接口 4. 检查气源压力是否符合要求 若有误，每项扣 2 分	10		
3	电气线路的连接	根据任务要求及电气图，正确配置及选择 I/O 信号通道，并连接各 I/O 电气线路	1. 正确统计 I/O 信号通道 2. 根据电气图连接电气线路；在示教器配置窗口，合理分配 I/O 信号地址 3. 操作示教器仿真 I/O 状态，通过 I/O 视图诊断 I/O 信号，仿真调试胶枪电磁阀和吸盘的状态 若有误，每项扣 2 分	20		
4	程序编写	程序编写正确完整，能实现车窗玻璃涂胶安装的功能	1. 程序编写符合任务要求及编写规范，程序数据和例行程序存放在同一程序模块 2. 能够灵活使用逻辑功能指令，I/O 控制指令、运动指令及位置偏移功能编程，物料吸取放置功能完整 若有误，每项扣 5 分	30		

（续）

序号	主要内容	考核要求	评分标准	配分	扣分	得分
5	程序调试运行	设定参数,手动调试程序,再自动运行程序	1. 参数坐标设定正确、目标点示教准确、胶枪模拟喷涂调试正确 2. 调试步骤合理、手动调试和自动运行操作正确 3. 调试结果正确,能实现车窗玻璃吸取的要求 4. 调试结果正确,能实现胶枪控制要求 5. 调试结果正确,能实现玻璃定点涂胶要求 6. 调试结果正确,能实现车窗玻璃的放置要求 若有误,每次扣5分	20		
6	安全文明生产	劳动保护用品穿戴整齐;正确使用工具;遵守操作规程;讲文明礼貌;操作结束要清理现场	1. 操作中,违反安全文明生产考核要求的任何一项扣2分,扣完为止 2. 当发现学生有重大事故隐患时,要立即予以制止,并每次扣安全文明生产总分5分,扣完为止	10		
开始时间:			合计			
结束时间:		测评人签名:		测评结果		

技能拓展

假设整个工作流程改变为胶枪是可移动工具，涂胶时需要机器人自动换上胶枪，接着移动胶枪沿着车窗四周涂胶，然后再放下胶枪，换上吸盘夹具吸取玻璃，接着把玻璃安装到车窗上。请根据本任务所学技能，以小组讨论的方式，完成上述工作流程的机器人程序编写、及模拟调试。

任务六　工业机器人检测排列任务编程与操作

学习目标

1. 会安装检测排列模型和吸盘夹具，并正确连接吸盘夹具的气动回路，安装过程中能够合理选用工具。

2. 能够通过示教器判断机器人的I/O信号及外部元件的状态，会连接光电传感器电气线路。

3. 会规划机器人的移动路径、创建程序数据，并准确示教机器人目标点。

4. 会用条件判断指令，编写机器人检测排列程序，并调试运行程序，实现检测排列任务。

5. 具备团队合作能力，对任务完成过程中出现的问题，能够协商分析和解决。

任务描述 （扫二维码观看视频）

　　此模型包括物料检测点、物料仓、物料左排列、物料右排列部件。在检测排列模型中，要求机器人先去物料仓吸取物料，吸取后把物料放在检测点进行检测，如果检测到物料则放置在左排列仓，如果检测不到则放置在右排列仓。放置完物料后，机器人再移动到物料仓拾取下一个物料进行检测排列。检测排列模型的组成如图2-6-1所示。

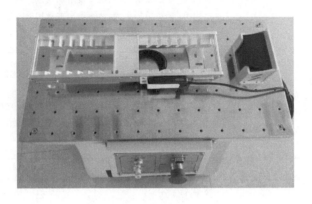

图 2-6-1　检测排列模型

知识准备

　　检测排列模型使用的传感器采用光纤传感器，其控制输出最大电流为100mA（最大电压为40V）。检测排列模型安装就位后，检查模型自带传感器是否安装到位，如图2-6-2所示。光纤传感器原理图如图2-6-3所示。将传感器的引线与实训平台的传感器信号接口按压端子（TX11）相连接，即TX11按压端子（3位）从左至右分别连接传感器电源-（Ps-，蓝色）、电源+（Ps+，棕色）、信号端子（SQ1-1，黑色或白色），如图2-6-4所示。

图 2-6-2　光纤传感器布局

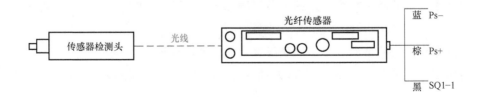

图 2-6-3　光纤传感器原理图

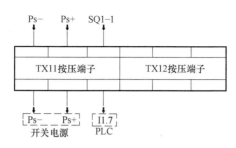

图 2-6-4　光纤传感器接线图

任务实施

一、硬件连接

1. 安装检测排列模型

1）将检测排列支架与存储仓放置训练平台合适位置，并使模型螺钉孔与实训平台螺钉孔对应，注意：要保持存储仓开口侧面向机器人方向，这样利于机器人拾取物料，如图 2-6-5 所示。

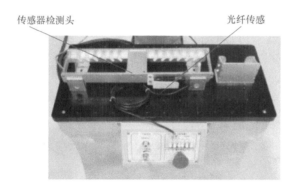

图 2-6-5　检测排列模型安装

2）将传感器安装到相应位置，并将传感器的引线与实训平台信号接口上传感器的按压端子相连接，即按压端子左侧 3 位分别连接传感器电源＋（棕色）、电源－（蓝色）、信号端子（黑色或白色），如图 2-6-6 所示。

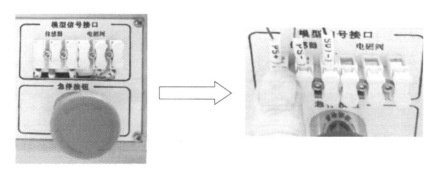

图 2-6-6　传感器接线示意图

2. 吸盘夹具的安装

请参照项目二任务二的相关内容。

3. 电气线路的连接

电气线路的连接、PLC I/O 分配表、机器人 I/O 信号分配表，请参照项目二任务二的相关内容。

二、程序编写及调试运行

1. 制定工艺流程图（见图 2-6-7）

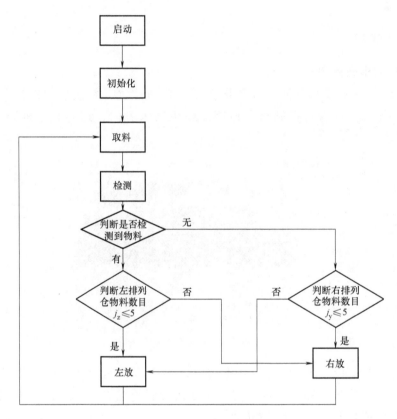

图 2-6-7　工艺流程图

2. 定义程序数据

（1）定义机器人目标点（见表 2-6-1）

表 2-6-1　机器人目标点定义表

序号	目标点名称	目标点定义内容	备注
1	di	物料仓最下面一块物料上的拾取点	
2	zhong	物料台上检测点	
3	Zz	右排列仓最左边物料排列点	
4	Yy	右排列仓最右边物料排列点	
5	P_Home	机器人原点	

（2）定义机器人的其他数据（见表 2-6-2）

表 2-6-2　机器人其他数据定义表

序号	目标点名称	目标点定义内容	备注
1	j	物料仓物料块计数	
2	jz	左排列仓物料计数	
3	jy	右排列仓物料计数	

3. 机器人程序编写（以下程序可供参数）

1）检测排列程序。

```
PROC PAILIE_main()
    rIniAll;//初始化子程序
    FOR j FROM O TO 10 DO    //总共十一块物料
        MoveL Offs(di,0,0,130),v100,fine,to2o10;//机器人来到料仓上方
        MoveL Offs(di,0,0,42-j*4.2),v100,fine,too10;//机器人来到第一块物料处
        Set do10;//吸盘吸料
        Set do11;//吸盘吸料
        WaitTime 0.5;//等待 0.5s
        MoveL Offs(di,0,0,130),v100,fine,too10;//机器人吸着物料来到料仓上方
        MoveL Offs(zhong,0,0,30),v100,fine,too10;//机器人吸着物料来到检测台上方
        MoveL zhong,v150,fine,too10;//机器人吸着物料来到检测点上
        WaitTime 0.5;//等待 0.5s
        IF di12=1THEN//判断是否检测到物料
            IF jz<=5 THEN//检测到物料,判断左边排列仓的是否放满物料(即右边排列仓物料是
                         否不超过六块)
                ROUTINEz;//不超过六块,放到左边仓
            ELSE
                ROUTINEy;//否则,放到右边仓
            ENDIF
        ELSE    //未检测到物料
        IF jy<=5 THEN//判断右边排列仓的是否放满物料(即左边排列仓物料是否不超过六块)
                ROUTINE_y;//不超过六块,放到右边仓
            ELSE
                ROUTINE_z;//否则,放到左边仓
            ENDIF
        ENDIF
ENDFOR
WaitTime 0.5;//等待 0.5s
    MoveAbsJ P_Home\NoEOffs,v100,fine,too10;//机器人回原点
ENDPROC
```

2）左排列仓放物料子程序，将检测后的物料放到左排列仓。

```
PROC ROUTINE_z()
    WaitTime 0.2;//等待0.2s
    MoveJ Offs(zhong,0,0,30),v200,fine,too10;//机器人吸着物料来到检测台上方
    WaitTime 1;//等待1s
    MoveJ Off(Zz,0,20*jz-50,50),v100,fine,too10;//机器人吸着物料来到左排列仓排列点的左
                                                    上方
    MoveL Offs(Zz,0,jz*20,0),v20,fine,too10;//机器人吸着物料来到左排列仓排列点
    Reset do11;//放物料
    Reset do10;//放物料
    WaitTime 0.2;//等待0.2s
    MoveJ Offs(Zz,0,20*jz-50,50),v100,fine,too10;//机器人空置吸盘来到左排列仓排列点的左
                                                    上方
    MoveJ Offs(zhong,0,0,30),v200,fine,too10;//机器人空置吸盘来到检测台上方
    WaitTime 2;//等待0.2s
    jz:=jz+1;//左排列仓物料计数
ENDPROC
```

3）右排列仓放物料子程序，将检测后的物料放到右排列仓。

```
PROC ROUTINE_y
    WaitTime 0.2;//等待0.2s
    MoveJ Offs(zhong,0,0,30),v200,fine,too10;//机器人吸着物料来到检测台上方
    WaitTime 1;//等待1s
    MoveL Offs(Yy,0,50-jy*20,50),v100,fine,too10;//机器人吸着物料来到右排列仓排列点的
                                                    右上方
    MoveL Offs(Yy,0,-jy*20,0),v20,fine,too10;//机器人吸着物料来到右排列仓排列点
    Reset do10;//放物料
    Reset do11;//放物料
    WaitTime 0.2;//等待0.2s
    MoveL Offs(Yy,0,50-jy*20,50),v100,fine,too10;//机器人空置吸盘来到右排列仓排列点的
                                                    右上方
    MoveJ Offs(zhong,0,0,30),v200,fine,too10;//机器人空置吸盘来到检测台上方
    jy:=jy+1;//右排列仓物料计数
ENDPROC
```

4）回原点子程序。

```
PROC rHome()
    MoveJ pHome,v300,too10;//回到原点
ENDPROC
```

5）初始化子程序。

```
PROC rIniAll()
    VelSet 100,200;//机器人速度控制
```

```
        Reset do10;//吸盘复位
        Reset do11;//吸盘复位
        jz:=0;//左排列仓物料计数清零
        jy:=0;//右排列仓物料计数清零
        rHome
    ENDPROC
```

4. 示教点调试运行程序

对机器人程序进行调试，实现排列检测任务。

 任务评价

对任务实施的完成情况进行检查评价，并将结果填入表 2-6-3。

表 2-6-3　任务测评表

序号	主要内容	考核要求	评分标准	配分	扣分	得分
1	模型、吸盘的安装	把检测排列模型安装到实训平台上;把吸盘夹具安装到机器人 J6 轴上	1. 模型安装位置符合机器人工作区域要求,模型安装平稳牢固,否则每项扣 5 分 2. 吸盘工具安装方向正确、螺钉安装牢固,若有误,每项扣 2 分	10		
2	气动回路的连接	合理选用各气动元件、正确连接气动回路	1. 正确选择吸盘电磁阀;合理选用气管及连接头型号,连接真空发生器和机器人本体的气路接口,否则每项扣 5 分 2. 检查气源压力是否符合要求,否则每项扣 2 分	10		
3	电气线路的连接	根据任务要求及电气图,正确配置及选择 I/O 信号通道,并连接各 I/O 电气线路	1. 正确统计 I/O 信号通道;能根据电气图连接电气线路;在示教器配置窗口,合理分配 I/O 信号地址;否则每项扣 5 分 2. 操作示教器仿真 I/O 状态,通过 I/O 视图诊断 I/O 信号,仿真调试光电传感器和吸盘的状态,若有误,每项扣 2 分	20		
4	程序编写	程序编写正确完整,能实现不规律放置物料的检测排列功能	1. 程序编写符合任务要求及编写规范,程序数据和例行程序存放在同一程序模块,否则每项扣 5 分 2. 能够灵活使用逻辑功能指令、I/O 控制指令、运动指令及位置偏移功能编程,物料吸取放置功能完整,若有误,每项扣 5 分	30		
5	程序调试运行	设定参数,手动调试程序,再自动运行程序	1. 参数坐标设定正确,目标点示教准确,传感器、吸盘调试正确;调试步骤合理,手动调试和自动运行操作正确;调试结果正确,能实现物料仓吸取的要求和物料方向检测要求 2. 调试结果正确,能实现物料放置的排列要求和单侧物料超过物料排列数目的编程要求。 若有误,每次扣 5 分	20		

（续）

序号	主要内容	考核要求	评分标准	配分	扣分	得分
6	安全文明生产	劳动保护用品穿戴整齐；正确使用工具；遵守操作规程；讲文明礼貌；操作结束要清理现场	1. 操作中，违反安全文明生产考核要求的任何一项扣2分，扣完为止 2. 当发现学生有重大事故隐患时，要立即予以制止，并每次扣安全文明生产总分5分，扣完为止	10		
开始时间：			合 计			
结束时间：		测评人签名：		测评结果		

技能拓展

　　假设改变物料检测后的排列方式，请根据本任务所学技能，以小组讨论的方式，完成机器人程序编写及模拟调试。

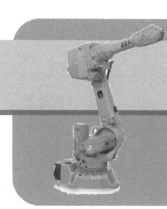

附　录

机器人仿真软件 RobotStudio的使用

一、仿真软件 RobotStudio 的安装

1）打开机器人仿真软件找到 "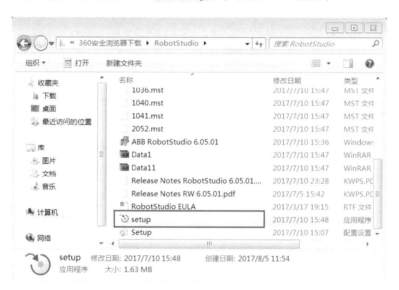 setup"，如图 A-1 所示。

图 A-1　调用安装程序

2）单击运行 " setup"，稍后弹出对话框，选择语言为 "中文（简体）"，如图 A-2 所示，单击 "确定"。

图 A-2　选择语言界面

3）弹出仿真软件安装对话框，单击"下一步（N）"，如图 A-3 所示。

4）选中"接受协议"项后，单击"下一步（N）"，如图 A-4 所示。

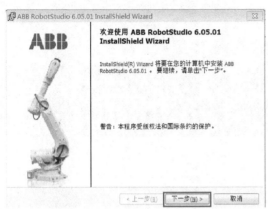
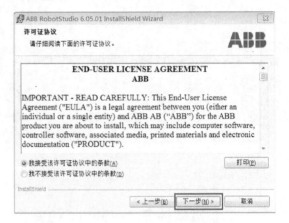

图 A-3　仿真软件安装界面　　　　　　　　　图 A-4　安装许可界面

5）弹出对话框，单击"接受（A）"，如图 A-5 所示。

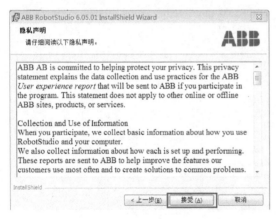

图 A-5　安装协议接受界面　　　　　　　　　图 A-6　安装路径选择界面

6）弹出对话框，可以单击"更改（C）"更改安装路径，可更改文件夹安装目的地，然后单击"下一步（N）"，如图 A-6 所示。

7）弹出对话框，选择一个安装类型，默认为完整安装，单击"下一步（N）"，然后单击"安装"，如图 A-7、图 A-8 所示。

8）安装过程如图 A-9 所示。

9）单击"完成（F）"，即完成 RobotStudio 软件的安装，如图 A-10 所示。

10）安装完成之后，桌面上显示 RobotStudio 软件的图标，如图 A-11 所示。

二、基本仿真工作站的创建

1）双击桌面图标"　"，打开软件进入"新建"操作界面，如图 A-12 所示；单击"空工作站"或单击"创建"图标，如图 A-13 所示。

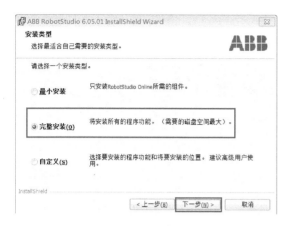

图 A-7 "安装类型"选择界面

图 A-8 安装开始界面

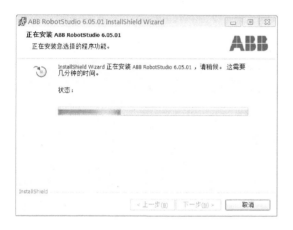

图 A-9 安装状态界面

图 A-10 安装完成界面

图 A-11 仿真软件图标

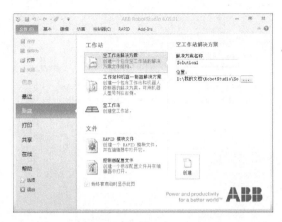

图 A-12　新建工作站界面

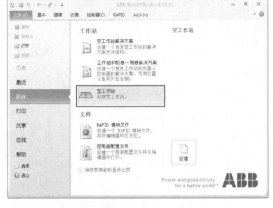

图 A-13　工作站创建界面

2）弹出创建工作站画面，单击"ABB 模型库"下拉菜单，如图 A-14 所示。

3）弹出 ABB 机器人库，选择所需的机器人，如图 A-15 所示。

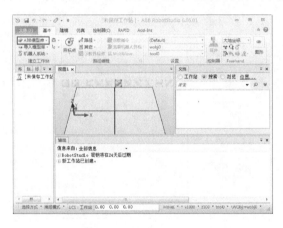

图 A-14　ABB 模型选择界面

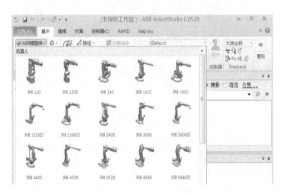

图 A-15　ABB 机器人库界面

4）弹出所选机器人信息，单击"确定"，如图 A-16 所示。

图 A-16　机器人模型选择界面

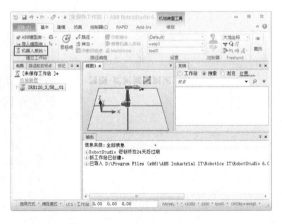

图 A-17　"机器人系统"选择界面

5）单击"机器人系统"下拉菜单，选择"从布局…"，如图 A-17、图 A-18 所示。

6）弹出"从布局创建系统"对话框，可更改"系统名字和位置"，单击"下一个"，如图 A-19 所示。

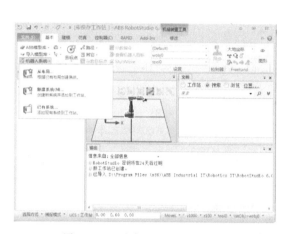

图 A-18　"从布局…"选择界面

图 A-19　名称位置选择界面

7）选择系统的机械装置，单击"下一个"，如图 A-20 所示。

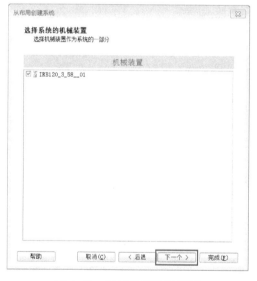

图 A-20　机械装置选择界面

图 A-21　配置系统参数界面

8）单击"选项…"，弹出"更改选项"画面，单击"Default Language"，勾选"☑ Chinese"选项，然后单击"确定"，如图 A-21、图 A-22 所示。

9）单击"Industrial Networks"，选择适合的工业网络，勾选"☑ 709-1 DeviceNet Master/Slave"选项，然后单击"确定"，如图 A-23 所示。

10）单击"Anybus Adapters"，选择相应的适配器，勾选"☑ 840-2 PROFIBUS Anybus Device"选项，然后单击"确定"，如图 A-24 所示。

图 A-22　默认语言选择界面

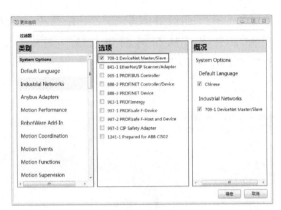

图 A-23　工业网络选择界面

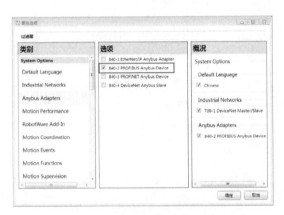

图 A-24　适配器选择界面

图 A-25　参数配置完成界面

11）系统参数配置完成后，回到"系统选项"对话框，单击"完成（F）"，如图 A-25 所示。

12）软件开始创建工作站系统，稍后即完成工作站创建，如图 A-26、图 A-27 所示。

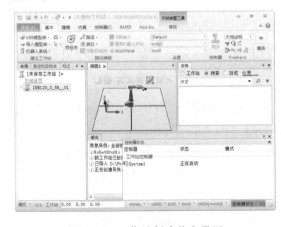

图 A-26　工作站创建状态界面

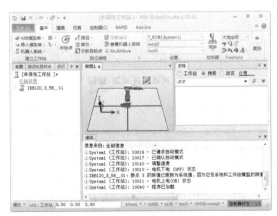

图 A-27　工作站创建完成界面

13）工作站创建完成后，打开"控制器"工具栏，单击""下拉菜单，选择"虚拟示教器"，如图 A-28、图 A-29 所示。

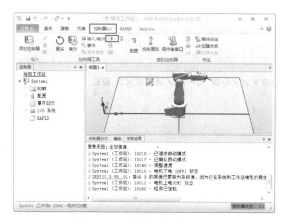
图 A-28　控制器添加界面

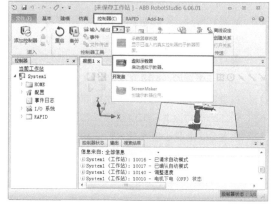
图 A-29　虚拟示教器选择界面

14）打开虚拟示教器，如图 A-30 所示；在这里可以进行工业机器人的参数设置、编程调试以及仿真等操作。

15）虚拟示教器的"自动/手动切换"和"复位键"位置以及电动机开启的"使能键"位置，如图 A-31 所示。

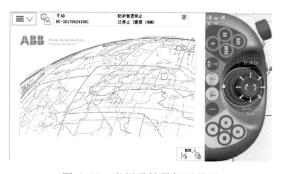
图 A-30　虚拟示教器打开界面

图 A-31　虚拟示教器使用界面

参 考 文 献

［1］ 叶晖，等. 工业机器人实操与应用技巧［M］. 2版. 北京：机械工业出版社，2017.

［2］ 郝巧梅，刘怀兰. 工业机器人技术［M］. 北京：电子工业出版社，2016.

［3］ 郝巧梅. 工业机器人操作与编程［M］. 北京：电子工业出版社，2016.

［4］ 张超，张继媛. ABB工业机器人现场编程［M］. 北京：机械工业出版社，2017.

［5］ 吕世霞，周宇，沈玲. 工业机器人现场操作与编程［M］. 武汉：华中科技大学出版社，2016.

［6］ 杨杰忠，向金林. 工业机器人技术及其应用［M］. 北京：机械工业出版社，2017.

［7］ 龚仲华. 工业机器人从入门到应用［M］. 北京：机械工业出版社，2016.